larousse.explore

L'Univers

Conçu et produit par Weldon Owen Pty, Ltd, Australie

Auteur : Alan Dyer
Conseiller : Roy A. Gallant
Illustrateurs : Julian Baum/Wildlife Art Ltd, Tom Connell/Wildlife Art Ltd, Christer Eriksson, Murray Frederick, Chris Forsey, Lee Gibbons/Wildlife Art Ltd, Ray Grinaway, David A. Hardy/Wildlife Art Ltd, Oliver Rennert, Chris Stead, Marco Sparaciari, Tony Wellington, Rod Westblade

ÉDITION FRANÇAISE :

Responsable éditoriale : Véronique Herbold
Traduction et réalisation : Agence Media,
avec la collaboration de Emmanuelle Lavabre

Conseiller : Philippe de La Cotardière,
ancien président de la société astronomique de France
Lecture-correction : Annick Valade,
assitée de Madeleine Biaujeaud

ISBN : 2-03-565033-X
Dépôt légal : septembre 2000

Imprimé à Singapour

larousse.explore

L'Univers

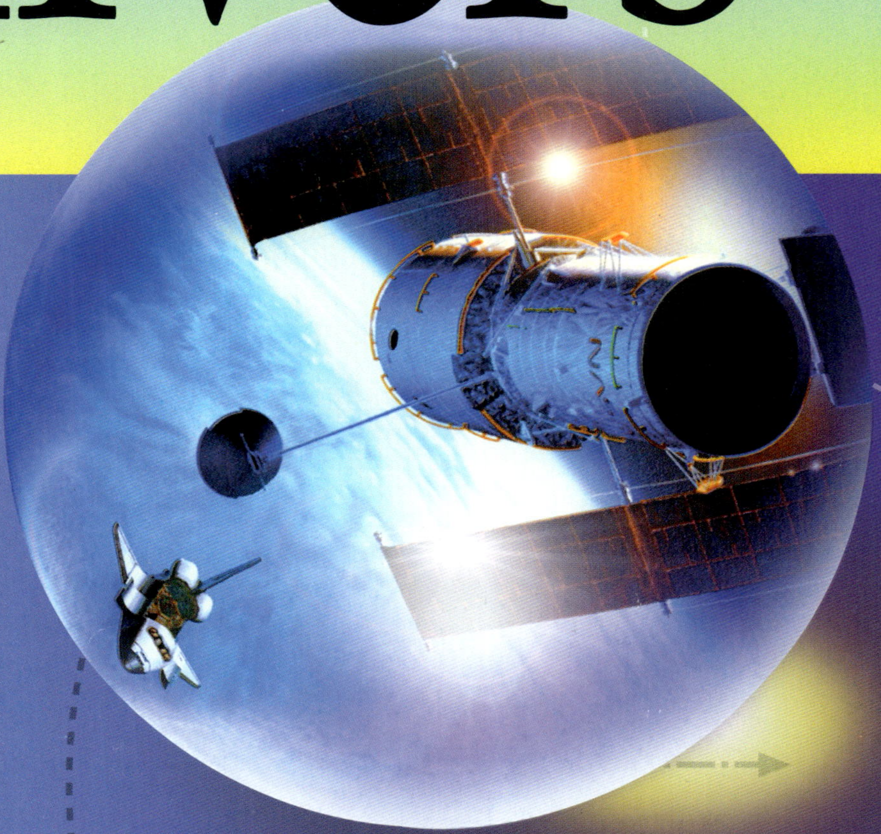

LAROUSSE

Sommaire

Explorer l'espace 6

Où sommes-nous dans l'Univers ? 8
L'observation de l'Univers 10
La conquête de l'espace 12
Travailler dans l'espace 14
Les sondes spatiales 16
À la recherche de la vie 18

Le système solaire 20

La famille du Soleil 22
Notre planète, la Terre 24
La Lune 26
Le Soleil 28
Mercure et Vénus 30
Mars 32
Les astéroïdes 34
Jupiter 36
Saturne 38
Uranus et Neptune 40
Pluton... et au-delà 42
Les comètes 44

L'Univers 46

Les constellations 48
Les étoiles 50
Les étoiles variables 52
Les nébuleuses 54
Notre galaxie 56
Les galaxies et les trous noirs 58
L'Univers en expansion 60

Glossaire 62
Index 64

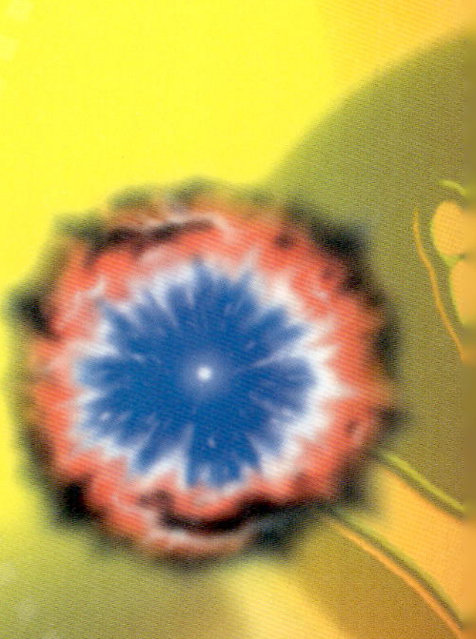

Prêt à décoller ?

Tu vas bientôt décoller pour un voyage fantastique dans l'espace. À toi de choisir ton itinéraire. Tu peux commencer par explorer les environs de la Terre, puis t'éloigner petit à petit de notre galaxie pour t'aventurer progressivement jusqu'aux confins de l'Univers, ou bien parcourir librement ce livre au gré de ta curiosité et de tes centres d'intérêt. Si un sujet te passionne, lis les encadrés « Zapping » pour sauter d'un chapitre à un autre et en savoir plus sur une question particulière. Sur chaque double page, des encadrés donnent un éclairage original et amusant sur le sujet : records et chiffres impressionnants dans « Incroyable ! », origine des mots dans « Histoire de mots », expériences amusantes dans « À toi de jouer » et détails passionnants sur la vie des héros de l'espace dans « Gros plan ». Alors… prêt à décoller ?

GROS PLAN

Les héros de l'espace

Regarde la Voie lactée avec les yeux de Galilée, le premier homme à avoir observé les étoiles à la lunette. Ressens les vibrations des moteurs de la navette spatiale avec le commandant Eileen Collins. Accompagne Clyde Tombaugh dans sa découverte de la planète X. Les encadrés « Gros plan » te présentent les hommes et les femmes qui ont exploré les frontières de l'Univers. Mets-toi à leur place pour partager leurs émotions !

À TOI DE JOUER

Expériences et activités

Prouve que la Terre tourne avec des petits bâtons. Suis les mouvements des quatre satellites de Jupiter aux jumelles. Observe une pluie d'étoiles filantes. Montre à tes copains pourquoi les étoiles scintillent. Imagine un extraterrestre vivant sur un satellite de Saturne. Toutes ces expériences feront de toi un véritable astronome.

Histoire de mots

Quel drôle de mot ! Que signifie-t-il ? D'où vient-il ? Tu l'apprendras dans ces encadrés.

Incroyable !

Des encadrés pleins d'informations et de chiffres. Des records impressionnants et des comparaisons époustouflantes, pour mesurer ce qu'est vraiment l'Univers.

Zapping

Consulte ces encadrés pour te promener dans ton livre en sautant de chapitre en chapitre selon ce qui t'intéresse.

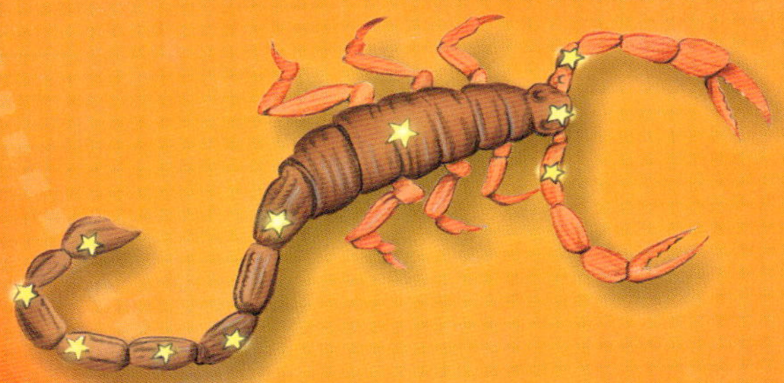

À vos marques, prêts, partez !

EXPLORER L'ESPACE

Le voyage commence par la Terre afin que tu puisses te faire une idée de sa position dans l'Univers. Tu rencontreras ensuite les hommes qui étudient les corps célestes, des premiers astronomes munis de simples lunettes aux scientifiques d'aujourd'hui qui obtiennent de magnifiques images de l'Univers grâce au télescope Hubble.
Puis tu quitteras la Terre en compagnie des astronautes de la mission Apollo pour marcher sur la Lune, tu embarqueras à bord d'une navette spatiale, tu t'aventureras dans des lieux où aucun être humain n'est jamais allé grâce à une sonde spatiale.
Là, tu te poseras enfin cette question : y a-t-il une autre vie dans l'Univers ?

page **8**

Quelle est la place de la Terre dans l'Univers ?

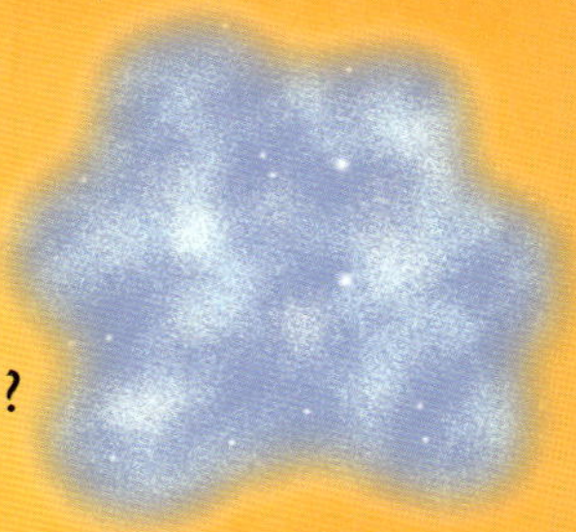

Que représentent les points blancs sur cette photo ?

Cap sur
OÙ SOMMES-NOUS DANS L'UNIVERS ?

page **10**

Qui a observé le ciel pour la première fois à la lunette ?

Quel type de radiations émet une tartine quand elle sort du grille-pain ?

Cap sur
L'OBSERVATION DE L'UNIVERS

page **12**

Pourquoi la navette spatiale se débarrasse-t-elle de son réservoir de combustible ?

Que fait cet astronaute sur la Lune ?

Cap sur
LA CONQUÊTE DE L'ESPACE

page 14 Où sera construite la station ISS ?

Comment sont habillés les spationautes quand ils sortent dans l'espace ?

Cap sur **TRAVAILLER DANS L'ESPACE**

page 16 Comment la sonde Huygens fera-t-elle pour se poser sur Titan, l'un des satellites de Saturne ?

Qu'a découvert sur Mars le robot Sojourner ?

Cap sur **LES SONDES SPATIALES**

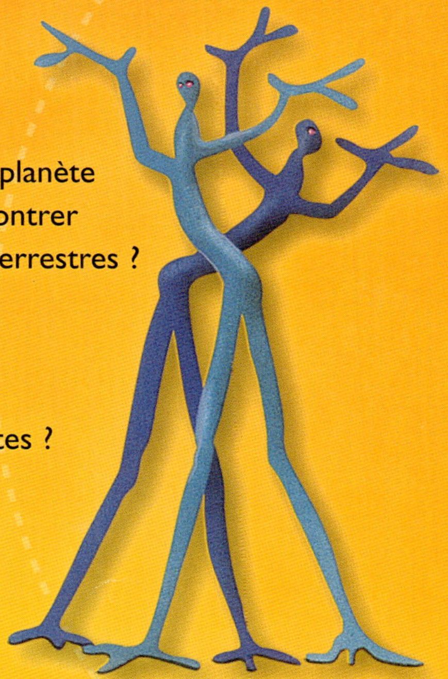

page 18 Sur quel type de planète pourrait-on rencontrer ce genre d'extraterrestres ?

Existe-t-il des océans sur d'autres planètes ?

Cap sur **À LA RECHERCHE DE LA VIE**

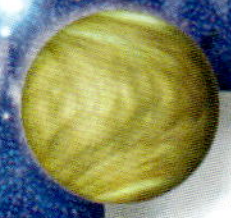
Vénus, la planète la plus proche

Andromède, la plus proche des grandes galaxies

Où sommes-nous dans l'Univers ?

Les hommes ont longtemps cru que les planètes et les étoiles tournaient autour de la Terre. Mais, en 1543, l'astronome Nicolas Copernic a démontré que toutes les planètes, y compris la Terre, tournaient autour du Soleil, considéré alors comme le centre de l'Univers. Depuis, les astronomes ont découvert que le Soleil n'est qu'une des innombrables étoiles de notre galaxie, la Voie lactée, et qu'il existe des milliards de galaxies comme la nôtre.
L'Univers est si grand qu'il faut des milliards d'années à la lumière pour le traverser. Autrement dit, l'image qui nous parvient des galaxies les plus lointaines est déjà vieille de plusieurs milliards d'années !
Plus on regarde loin dans l'espace, plus on remonte le temps, et plus on a de chances d'observer les débuts de l'Univers.

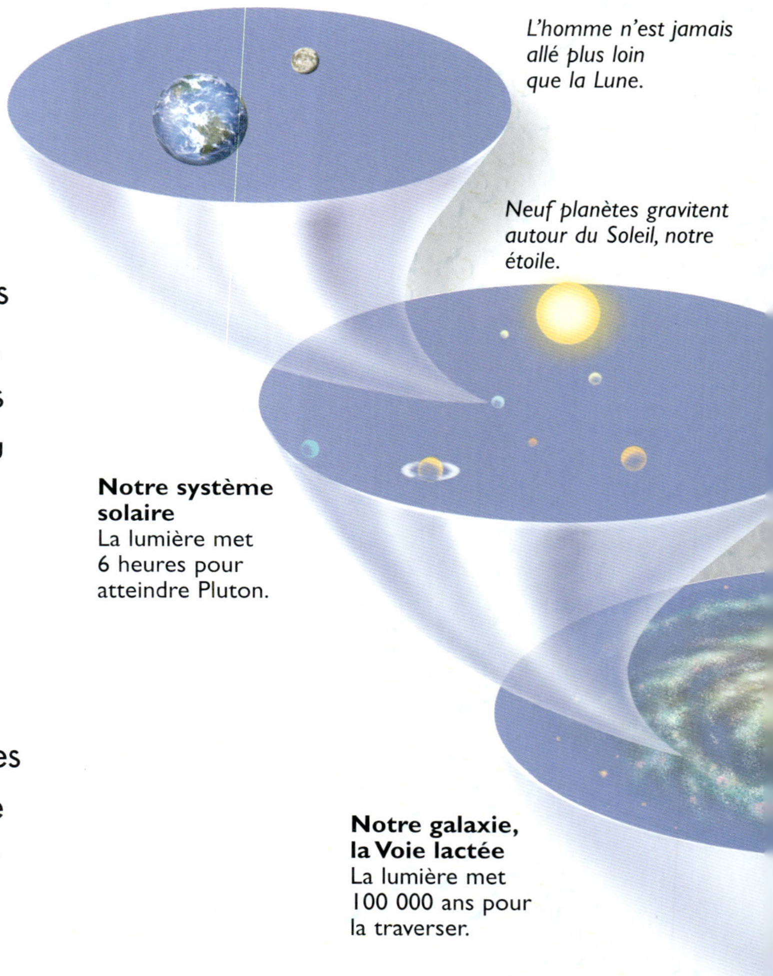

Remonter le temps

En décembre 1995 et pendant dix jours, les astronomes ont observé une zone du ciel située près de la Grande Ourse (photo de droite) grâce au télescope Hubble. Les photos prises (à gauche) ont révélé l'existence de près de 2 000 galaxies. La plupart d'entre elles sont si loin de nous et leur lumière met tant de temps à nous parvenir que nous les voyons en fait telles qu'elles étaient juste après leur formation, il y a 14 milliards d'années – soit 1 milliard d'années seulement après la naissance de l'Univers.

La Terre vue du ciel

En gros plan

Les satellites placés en orbite au-dessus de l'atmosphère terrestre donnent une vue précise de la Terre. Sur cette photo de San Francisco (à gauche), on distingue les rues, les ponts, les zones portuaires, les parcs (étendues vertes). Les points dans la baie sont des bateaux. On voit aussi les courants marins et la vase, en vert foncé.

Histoire de mots

Univers vient du latin *unus* (« un ») et *versus* (« tour »). L'Univers comprend tout ce qui existe : le Soleil, les planètes du système solaire (dont la Terre) et la Voie lactée (notre galaxie) n'en forment qu'une partie, car il existerait environ 50 milliards de galaxies.

Incroyable !

- Une voiture roulant à 90 km/h mettrait 340 milliards d'années pour atteindre le centre de notre galaxie.
- La Terre, le Soleil et les autres corps du système solaire tournent autour de la Voie lactée à la vitesse de 900 000 km/h.

Zapping

- Où commence l'espace ? Réponse page 15.
- Quand Nicolas Copernic a-t-il découvert que la Terre tournait autour du Soleil ? → page 22.
- Qu'est-ce qu'une étoile variable ? → page 52.
- Qu'est-ce que l'expansion de l'Univers ? → pages 60-61.

Zoom cosmique

La lumière est ce qui se déplace le plus vite dans l'Univers. Elle parcourt 300 000 km en une seconde, 1 078 millions de kilomètres en une heure et 9 500 milliards de kilomètres en un an. Cette dernière distance correspond à ce que les astronomes appellent une année-lumière. Prenons donc la vitesse de la lumière comme repère, et voyageons jusqu'au fin fond de l'Univers en cinq bonds gigantesques.

Notre galaxie contient environ 200 milliards d'étoiles.

L'amas de galaxies auquel appartient notre galaxie, le Groupe local, contient une trentaine de galaxies.

Le Groupe local
La lumière met 2,8 millions d'années pour atteindre Andromède.

L'Univers entier
Il faut 15 milliards d'années à la lumière pour le traverser.

L'Univers contient peut-être 50 milliards de galaxies.

GROS PLAN

L'Univers est en expansion

« J'ai découvert une étoile variable dans la nébuleuse d'Andromède. » C'est par ces mots, en 1924, qu'Edwin Hubble annonça au monde que l'Univers était bien plus grand qu'on ne le croyait.
Il avait découvert une variable pulsante lui permettant de prouver qu'Andromède n'était pas une nébuleuse (nuage de poussières et de gaz) appartenant à notre galaxie, mais bien une autre galaxie. Cela signifiait qu'il existait plein d'autres galaxies. Plus tard, il découvrit que ces galaxies s'éloignaient de la nôtre, prouvant que l'Univers était en expansion.

Plus haut...

Cette vue de la côte du Mozambique, en Afrique, est prise depuis une navette spatiale. Les zones orangées correspondent aux forêts et aux champs, la masse de bleu est l'océan Indien. Les traînées blanches sont les fumées des feux allumés par les villageois qui brûlent la forêt pour récupérer des terres à cultiver.

Encore plus haut...

Voici notre planète telle que les astronautes de la mission Apollo l'ont découverte depuis la Lune, à 386 000 km de distance : un superbe croissant bleu se levant au-dessus de la surface nue de la Lune.

Toujours plus haut...

Vues depuis la sonde Galileo, à 6,2 millions de kilomètres, la Terre et la Lune flottent dans les ténèbres de l'espace.

La lunette de Galilée, 1609

Le télescope de Newton, 1671

Le grand télescope d'Herschel, 1781

L'observation de l'Univers

L'Univers est si vaste que la plus rapide des fusées mettrait presque 100 000 ans pour atteindre la première étoile après le Soleil. C'est pourquoi les astronomes utilisent des télescopes pour l'explorer. C'est Isaac Newton qui, en 1671, inventa le télescope, appareil muni d'un miroir pour capter la lumière. Plus le miroir est grand, plus il peut enregistrer des rayonnements faibles ou émis par des objets très éloignés.

Les objets célestes n'envoient pas uniquement des rayonnements visibles à l'œil nu, comme la lumière. Ils émettent aussi des radiations invisibles, comme les ondes radioélectriques ou les rayons X. Des télescopes capables de capter ces rayonnements ont donc été construits. Placés en orbite autour de la Terre, ils ont révélé d'étranges objets, comme les trous noirs, dont on ne soupçonnait pas l'existence.

GROS PLAN

Premières observations

Galileo Galilei (Galilée) est le premier homme à avoir regardé le ciel à travers un instrument d'optique, qu'il baptisa lunette.
En 1610, il annonça au monde la découverte qu'il venait de faire : «J'ai observé quatre planètes en orbite autour de Jupiter. » Il s'agissait en fait des lunes (ou satellites) de Jupiter. Leur existence prouvait que tous les objets célestes ne tournaient pas autour de la Terre, contrairement à ce que l'on croyait alors.

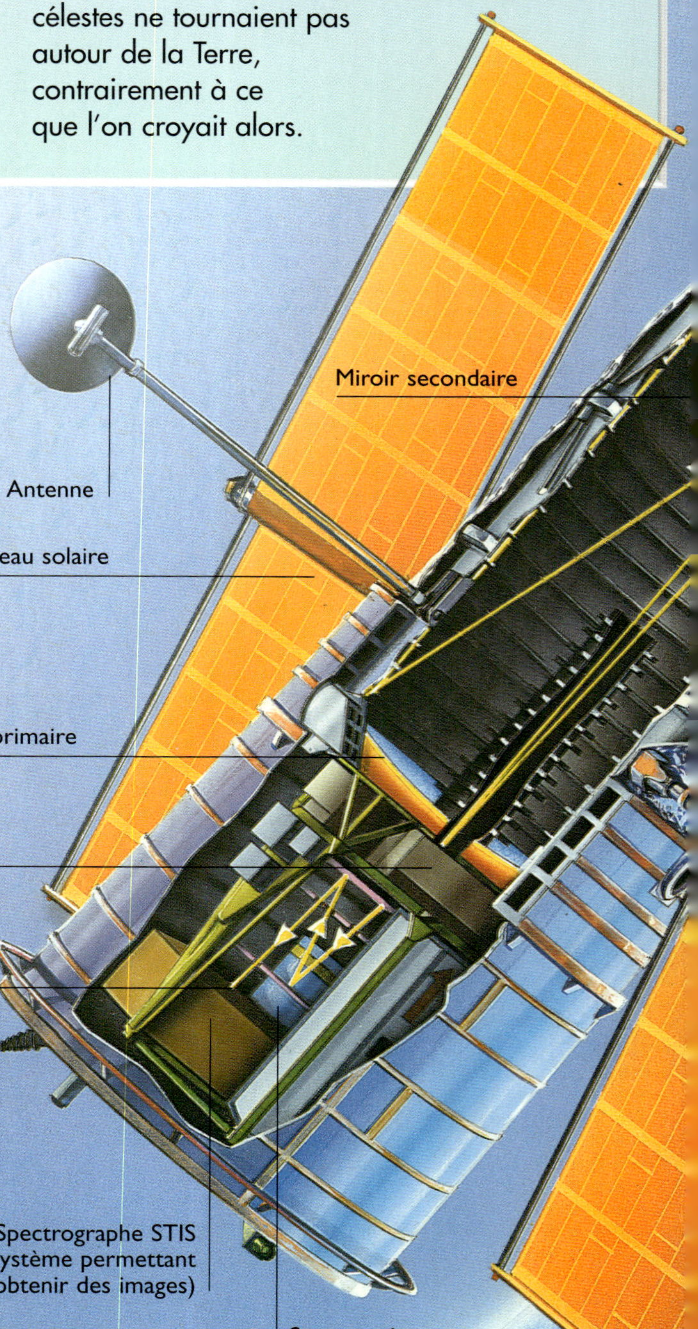

À TOI DE JOUER

Observe les étoiles

À l'œil nu, tu peux voir des constellations (Orion, par exemple), observer cinq des planètes du système solaire, suivre les phases de la Lune ou repérer un météore.
Les jumelles modernes ont la puissance de la lunette qu'utilisait Galilée. Elles permettent d'admirer les lunes de Jupiter, les étoiles de la Voie lactée ou la nébuleuse d'Orion.
En revanche, pour distinguer les anneaux de Saturne, les nuages de Jupiter ou les bras en spirale d'Andromède, il te faut un télescope. Pour cela, adresse-toi à un club d'astronomie ou rends-toi à l'observatoire le plus proche.

Le radiotélescope de Green Bank, 1965

Le télescope anglo-australien, 1974

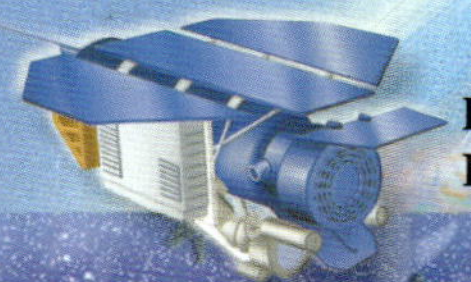

Le télescope à rayons X ROSAT, 1990

Histoire de mots

La lunette et le télescope fonctionnent selon le même principe : l'objectif capte la lumière de l'objet et en fournit une image. Mais, sur la **lunette**, l'objectif est une lentille, tandis que, sur le **télescope**, c'est un miroir.

Incroyable !

• Un télescope spatial de nouvelle génération devrait être envoyé dans l'espace, au-delà de la Lune, en 2007. Il disposera en principe d'un miroir de 8 m d'envergure, qui se déploiera autour de lui comme les pétales d'une fleur.

Zapping

• Quelles photos étonnantes doit-on au télescope Hubble ? Réponse pages 8, 52 et 55.
• Qu'utilisent les chercheurs pour tenter de capter des messages extraterrestres ? → page 19.
• Apprends à reconnaître les objets célestes → pages 30, 37, 44, 48, 49, 55 et 57.

Hubble scrute le ciel

Notre atmosphère brouille les images fournies par les télescopes installés sur la Terre. C'est pourquoi les astronomes ont placé le télescope Hubble en orbite, au-dessus de l'atmosphère. Hubble est aussi gros qu'un autobus et effectue un tour de la Terre toutes les 90 minutes, donnant les images les plus précises qu'on ait jamais eues des étoiles et des galaxies. À l'aide de caméras électroniques, il prend des photos numériques qu'il transmet ensuite par radio au sol. Tous les trois ans, des astronautes embarqués sur une navette spatiale vont remplacer ou réparer les équipements défectueux.

Les yeux de la montagne

Les astronomes installent leurs télescopes là où on voit le mieux le ciel, c'est-à-dire en haut des montagnes, loin des lumières des villes. Le sommet du Mauna Kea, à Hawaii, accueille de nombreux télescopes optiques (captant la lumière visible), dont les deux télescopes Keck. Abrité par un dôme, leur miroir mesure 10 m de diamètre.

Les oreilles du cosmos

Le VLA, au Nouveau-Mexique (sud des États-Unis), est l'un des plus grands radiotélescopes au monde. Ses 27 antennes paraboliques (en forme d'assiette) captent les ondes radioélectriques émises par les planètes, les étoiles et les galaxies. Ce sont des télescopes de ce type qui ont permis de dresser la carte de la Voie lactée.

Voir l'invisible

La lumière n'est qu'un type d'ondes émises par l'Univers. Si l'on pouvait voir toutes les ondes invisibles, l'Univers nous paraîtrait très différent de ce que nous connaissons.

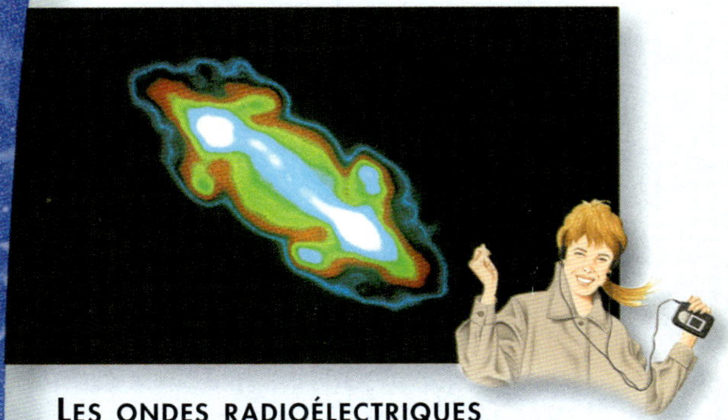

Les ondes radioélectriques

On utilise ces ondes pour la diffusion des émissions de radio et de télévision. Les objets célestes émettent eux aussi des ondes radioélectriques. Ici, l'image du champ magnétique géant de Jupiter.

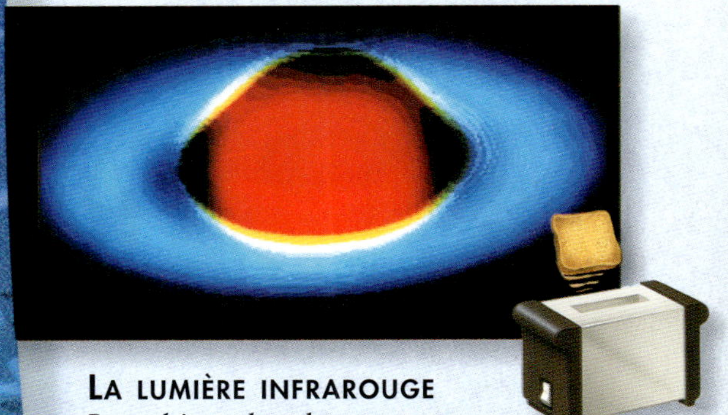

La lumière infrarouge

Les objets chauds, comme ce grille-pain, émettent un rayonnement infrarouge. Les clichés en infrarouge (ici, Saturne) permettent de « voir » à travers la poussière qui obscurcit l'espace.

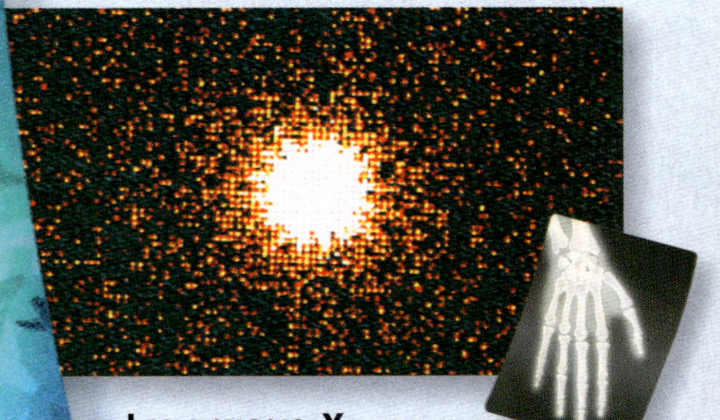

Les rayons X

Les radiologues utilisent les rayons X pour voir nos os. Les astronomes, eux, s'en servent pour observer la chute de gaz ultrachauds dans des trous noirs, comme sur cette photo aux rayons X de Cygnus X-1.

Vostok, 1961 Gemini, 1965 Soyouz, 1967 Un avion spatial du futur

La conquête de l'espace

Le premier homme qui s'est aventuré dans l'espace est le Russe Youri Gagarine, en 1961. Mais c'est un Américain, Neil Armstrong, qui a posé le premier le pied sur notre satellite, le 21 juillet 1969.

Il faut une vitesse de plus de 28 000 km/h pour placer un engin spatial en orbite. La plupart des fusées ont plusieurs étages, qui se détachent les uns après les autres ; seul le dernier atteint la position orbitale.

La NASA dispose de quatre navettes spatiales, qui peuvent se mettre en orbite autour de la Terre mais pas voyager au-delà. C'est la fusée Saturn V qui a envoyé des hommes sur la Lune, lors des missions Apollo.

Les fusées du futur pourront propulser des vaisseaux spatiaux habités jusqu'à la planète Mars.

Un terrain de golf très privé

De 1968 à 1972, 27 astronautes du programme Apollo ont survolé la Lune. À six reprises, deux d'entre eux se sont posés sur la Lune avec le module lunaire, tandis qu'un troisième restait en orbite au-dessus, dans le module de commande. En 1971, au cours de la mission Apollo 14, Alan Shepard a joué au golf sur la Lune : à l'aide de son outil à ramasser les pierres, il a envoyé une balle « à des kilomètres ».

À toi de jouer

Fabrique une fusée

Tu vas comprendre comment fonctionne une fusée :

1. Gonfle un ballon et serre le bout entre tes doigts pour empêcher l'air de sortir.
2. Dirige le ballon vers le plafond, puis lâche-le. En s'échappant, l'air pousse le ballon vers le haut.

À la place de l'air, les fusées utilisent des gaz brûlants issus de la combustion du carburant par les moteurs.

Le plongeon des capsules

Dans les années 1960 et 1970, les astronautes revenaient sur Terre dans des capsules qui tombaient dans la mer. On les « repêchait » ensuite en hélicoptère. Désormais, les navettes spatiales atterrissent comme des avions et les astronautes débarquent normalement.

À bord d'une navette spatiale

Décollage

À T (heure du décollage) moins 6,6 secondes, les trois moteurs principaux s'enflamment. À T égale zéro, c'est la mise à feu des boosters (les deux moteurs auxiliaires) : la navette décolle.

Séparation des boosters

À T plus 2 minutes, les boosters s'éteignent et se séparent de la navette ; ils seront récupérés à terre. À bord de la navette, le vol devient plus tranquille.

Largage du réservoir

À T plus 8 min 30, les moteurs principaux s'éteignent. Le réservoir extérieur, vidé de son mélange d'oxygène et d'hydrogène liquides, tombe dans l'océan Pacifique.

Histoire de mots

Aux États-Unis, on parle d'**astronautes**, du grec *astro-* et *nautikê*, « voyageurs des étoiles » ; en Russie, de **cosmonautes**, « voyageurs du cosmos » ; et, en Europe, le terme utilisé est **spationautes**, « voyageurs de l'espace ».

Incroyable !

- Pendant son lancement, une navette spatiale brûle 10 tonnes de carburant par seconde.
- Près de 28 000 carreaux de céramique protègent la navette spatiale de la chaleur intense lors de sa rentrée dans l'atmosphère.

Zapping

- Quels sont les effets de l'apesanteur ? Réponses pages 14-15.
- Quels autres engins explorent l'espace ? → page 16.
- Marcher sur la Lune, c'était comment ? → page 26.
- Est-il possible que l'homme marche un jour sur Mars ? → page 32.

Des chiens dans l'espace
Belka et Strelka, deux chiennes russes, ont été les premiers êtres vivants à revenir sur Terre après une mise en orbite. Ce fut en août 1960, à bord du Spoutnik 2, huit mois avant que Youri Gagarine ne devienne le premier homme à voler dans l'espace à bord de Vostok 1.

Gros plan

Des sensations fortes

« Le lancement d'une navette est une expérience unique, raconte le commandant Eileen Collins. Il y a de la fumée tout autour, puis des éclairs blancs pendant 8 minutes et demie. On entend le bruit du feu, on sent l'odeur de l'électricité. On a mal au dos, après avoir passé quatre heures attaché en position verticale pendant le compte à rebours. Et on a du mal à respirer. Puis, d'un seul coup, les moteurs s'éteignent et on se retrouve en apesanteur. »

En orbite
La navette est désormais en orbite : les astronautes peuvent travailler. Elle tourne autour de la Terre à la vitesse de 28 000 km/h, effectuant un tour complet toutes les 90 minutes.

Retour dans l'atmosphère
La mission tire à sa fin. Tandis que la navette redescend à une vitesse 25 fois supérieure à celle du son, sa surface et l'air autour deviennent rouges à cause de la chaleur. La rentrée dans l'atmosphère freine la navette, à une vitesse proche de celle d'un avion.

Atterrissage
La navette se sert de ses ailes pour glisser dans l'atmosphère. Au-dessus de la piste, le train d'atterrissage est sorti. Quelques secondes plus tard, la navette touche le sol. Bienvenue sur la Terre !

SPOT, satellite d'observation

Météosat, satellite météorologique

Travailler dans l'espace

En mission, les spationautes effectuent des expériences, testent les effets de l'apesanteur ou fabriquent de nouveaux matériaux, comme des cristaux très purs ou des médicaments.
Ils sortent parfois dans l'espace pour réparer des satellites ou pour assembler des pièces sur les stations spatiales.
Les vols des navettes ne durent qu'une semaine ou deux, mais les spationautes peuvent passer plusieurs mois dans une station orbitale. La vie y est difficile, car l'apesanteur modifie la circulation du sang et affaiblit les muscles. Outre les stations spatiales, les hommes envoient autour de la Terre des satellites dont la mission est de retransmettre instantanément les images de télévision, de diriger les navires sur les océans et de faciliter les prévisions météorologiques.

Sandwich volant

Sur la navette, certains aliments sont prêts à la consommation, d'autres sont déshydratés (il faut leur ajouter de l'eau avant de les manger).
Voici le menu typique d'une journée : jus d'orange, œufs brouillés et pain pour le petit déjeuner ; soupe, sandwich, banane et biscuits pour le déjeuner ; bifteck, brocolis et crème dessert pour le dîner.

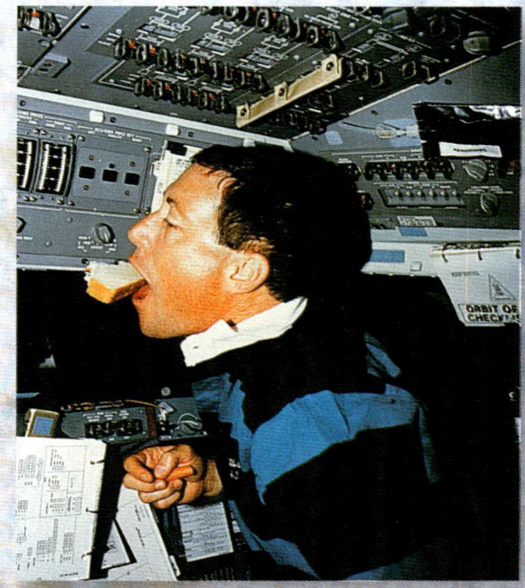

Pour sortir dans l'espace

Le scaphandre de sortie est un vaisseau spatial en miniature. Dans le dos, le spationaute porte des bouteilles qui lui fournissent l'oxygène nécessaire. Des couches de Kevlar, de Teflon et de Dacron le protègent des températures extrêmes : 120 °C au soleil et – 156 °C à l'ombre. La combinaison arrête les rayons du soleil et les particules de poussière spatiale.
L'eau circulant dans des tubes situés dans l'épaisseur de la combinaison rafraîchit le spationaute tandis qu'il travaille. Ce dernier peut aussi siroter un peu d'eau à sa gourde, croquer une barre vitaminée ou parler avec ses collègues grâce à son casque.

Iridium, satellite de télécommunications

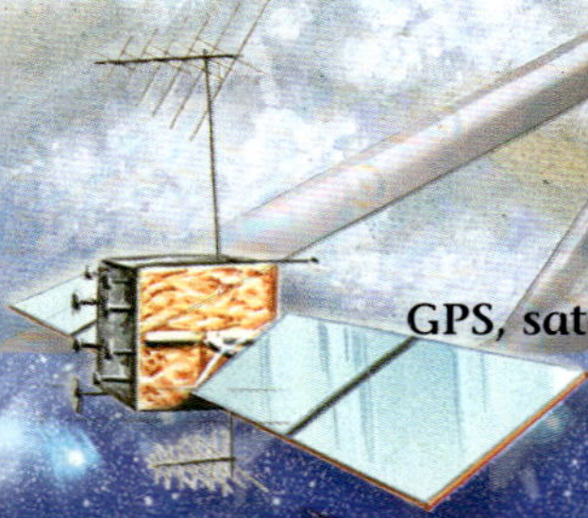
GPS, satellite de navigation

ISO, satellite à infrarouge

Histoire de mots

Lorsqu'ils sont en orbite, les objets voyagent à une vitesse suffisante pour ne pas retomber sur la Terre. Ils sont alors en **apesanteur**, ou plus exactement en **micropesanteur**, car on ne supprime jamais complètement la pesanteur.

Incroyable !

- En apesanteur, les vertèbres s'écartent, si bien que les spationautes grandissent de 2 à 5 cm. Ils retrouvent leur taille normale sur la Terre.
- Les toilettes spatiales ressemblent à un aspirateur sur lequel le spationaute s'assoit.

Zapping

- Pour quelle raison des astronautes rendent-ils régulièrement visite au télescope Hubble ? Réponse page 11.
- Que verrais-tu si tu étais le premier homme en mission sur Mars ? → page 32.
- Comment un satellite peut-il nous aider à comprendre la formation de l'Univers ? → page 60.

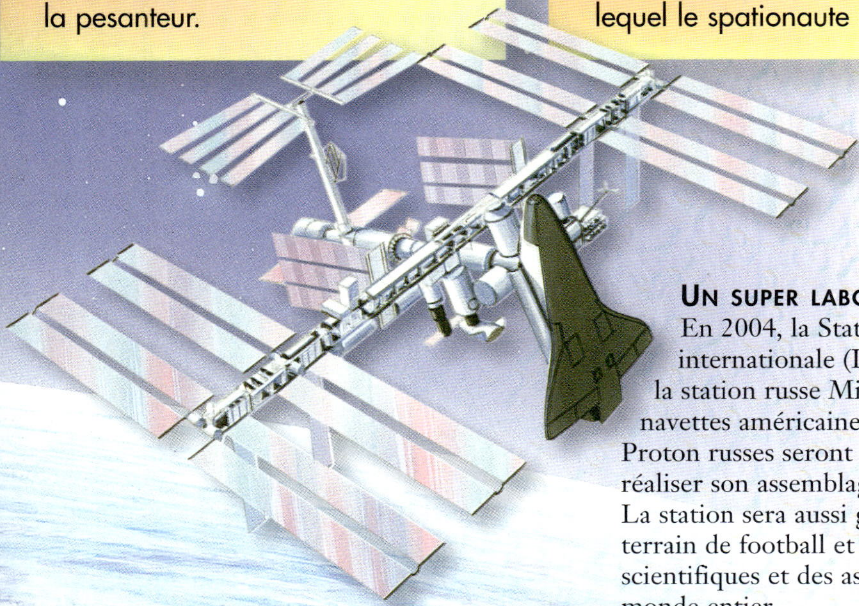

Un super laboratoire spatial
En 2004, la Station spatiale internationale (ISS) va remplacer la station russe Mir ; 45 vols de navettes américaines et de fusées Proton russes seront nécessaires pour réaliser son assemblage dans l'espace. La station sera aussi grande qu'un terrain de football et accueillera des scientifiques et des astronautes du monde entier.

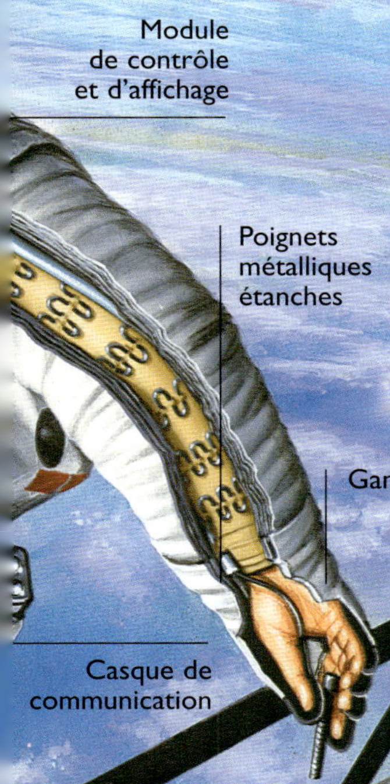

Jamais de repos
Dans le laboratoire de micropesanteur de la navette américaine, Catherine Coleman (à droite) et six autres astronautes ont testé en 1995 les effets de l'apesanteur sur de nombreux matériaux.

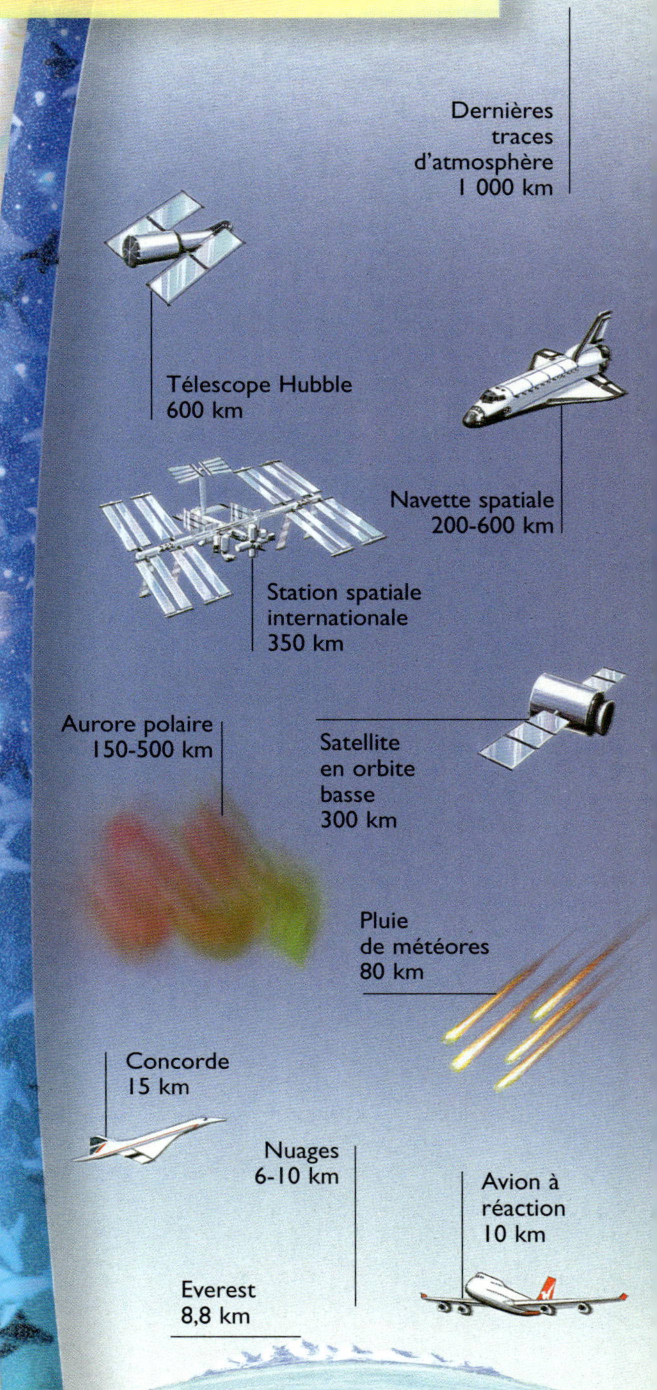

Où commence l'espace ?

Il n'y a pas de limite précise entre l'air et l'espace, car l'atmosphère se raréfie progressivement. À 320 km d'altitude, il reste encore de l'oxygène et de l'azote, qui attirent les stations spatiales vers la Terre. Il faut donc « remonter » les stations plusieurs fois par an, en allumant leurs moteurs, pour les empêcher de tomber. À partir de 1 000 km d'altitude, les satellites peuvent tourner autour de la Terre pendant des années.

GROS PLAN

Une journée dans l'espace

En 1998, l'Australien Andrew Thomas a passé 5 mois sur la station Mir. « On voit le soleil se lever 16 fois par jour, raconte-t-il. On se lave avec des lingettes humides (l'eau flotterait partout dans la cabine), on déjeune et puis on travaille. Le soir, après le dîner, je regarde la Terre par la fenêtre. Puis je vais me coucher, vers 23 heures, dans mon sac de couchage attaché au mur. »

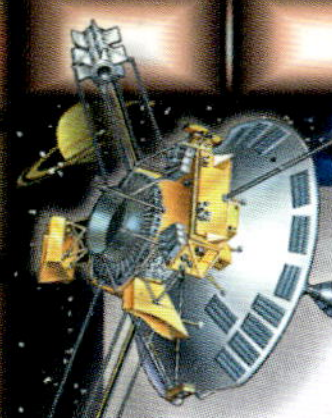

Pioneer : Jupiter, 1974

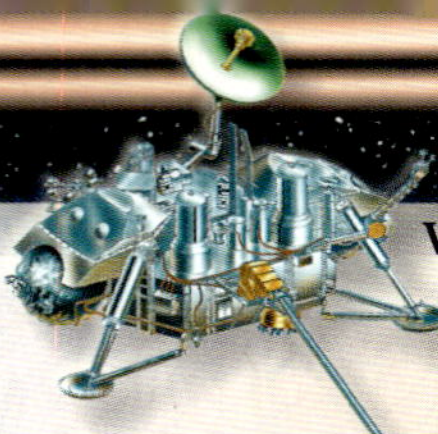

Viking : Mars, 1976

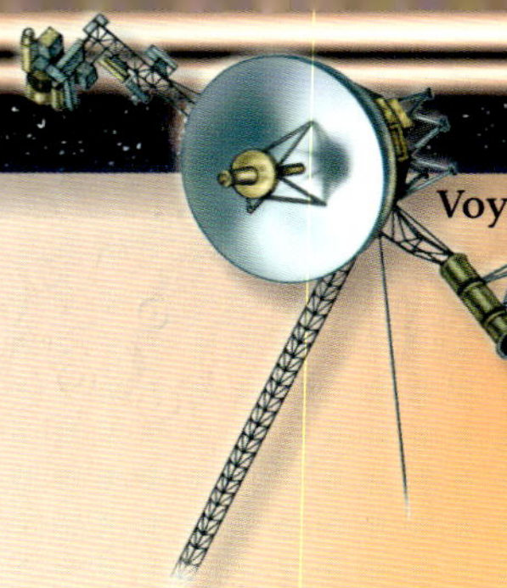

Voyager : les planètes gazeuses géantes, 1979-1989

Les sondes spatiales

Il est impossible d'explorer toutes les planètes de notre galaxie : la plupart d'entre elles sont trop éloignées ou inhospitalières. Des sondes téléguidées voyagent donc à la place de l'homme. Ainsi, Magellan est restée 4 ans en orbite autour de Vénus, Galileo a pénétré dans l'atmosphère de Jupiter et Pathfinder s'est posée sur Mars. Certaines sondes « rebondissent » de planète en planète, comme Voyager qui a étudié Jupiter, Saturne, Uranus et Neptune : en passant à proximité d'une planète, la sonde prend de la vitesse sous l'effet de la force de gravitation et se retrouve catapultée vers une planète plus lointaine. Toutes les planètes du système solaire ont ainsi été visitées, à l'exception de la plus éloignée, Pluton. Les sondes envoient leurs données par ondes radio, recueillies par des radiotélescopes géants, mais ne reviennent pas sur Terre. À l'avenir, elles pourront ramener des échantillons sur Terre, elles se poseront sur des comètes et exploreront des astéroïdes…

À toi de jouer

Infos sur le Web

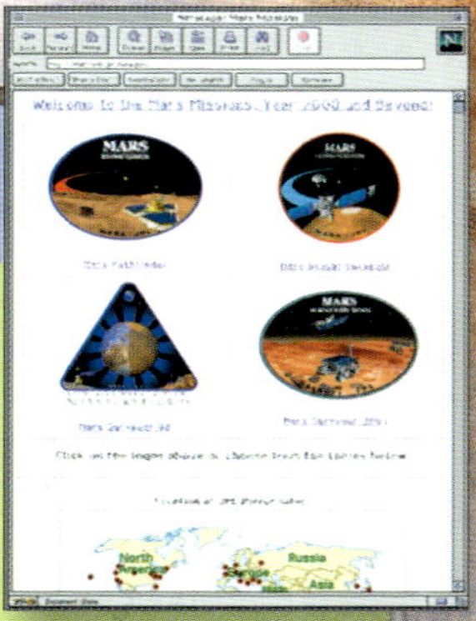

Sur le site de la NASA (www.jpl.nasa.gov.), tu pourras admirer des photos prises par Magellan (Vénus), Pathfinder (Mars), Cassini (Saturne) ou Galileo (Jupiter), et te renseigner sur les missions futures à destination des comètes. Si tu ne comprends pas l'anglais, fais-toi aider !

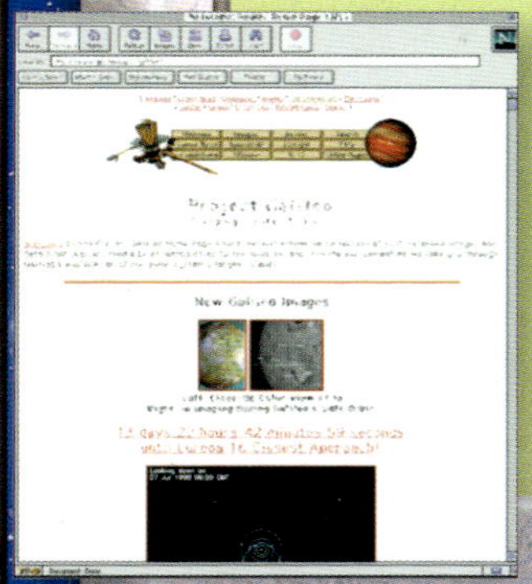

Les sites suivants sont en français :
Centre national d'études spatiales (CNES) : http://www.cnes.fr/
Société astronomique de France (SAF) : http://www.iap.fr/saf/
Observatoire de Paris-Meudon : http://www.obspm.fr/

Promenade sur Mars
En juillet 1997, pour la première fois, un véhicule a débarqué sur Mars, envoyé par la NASA. Baptisé Sojourner, il était équipé d'appareils photo et d'un détecteur lui permettant d'examiner de près les cailloux. Grâce à cette mission, les scientifiques ont pu démontrer que, il y a des milliards d'années, il y avait de l'eau sur Mars. Cette mission s'est terminée 3 mois plus tard, quand l'atterrisseur Mars Pathfinder, qui permettait de piloter à distance Sojourner, a cessé de fonctionner à cause du froid.

Magellan : Vénus, 1989-1993

Galileo : Jupiter, 1995-1999

Histoire de mots

D'où viennent les noms donnés aux sondes ? **Galileo**, **Cassini** et **Huygens** sont des astronomes. **Ulysse** est un héros de la mythologie grecque, **Magellan** est un explorateur célèbre, **Giotto** est un peintre qui a représenté la comète de Halley.

Incroyable !

• La sonde Mars Observer a explosé en approchant de Mars, en 1993. Elle avait coûté 1 milliard de dollars et n'a pris qu'une photo.
• Pioneer 10 mettra 2 millions d'années pour atteindre l'étoile Aldébaran.

Zapping

• Comment la sonde Magellan a-t-elle fait pour percer les nuages entourant Vénus ? Réponse page 30.
• Quelle sorte de message les deux sondes Voyager transportent-elles ? → page 41.
• Que va-t-il se passer en 2013 sur Pluton ? → pages 42-43.
• Comment une sonde peut-elle recueillir de la poussière de comète ? → page 45.

La carte de Mars

Au moment où la mission Mars Pathfinder s'arrêtait, en 1997, Mars Global Surveyor se plaçait en orbite autour de Mars pour 4 ans. Objectif : dresser une carte précise de la planète.

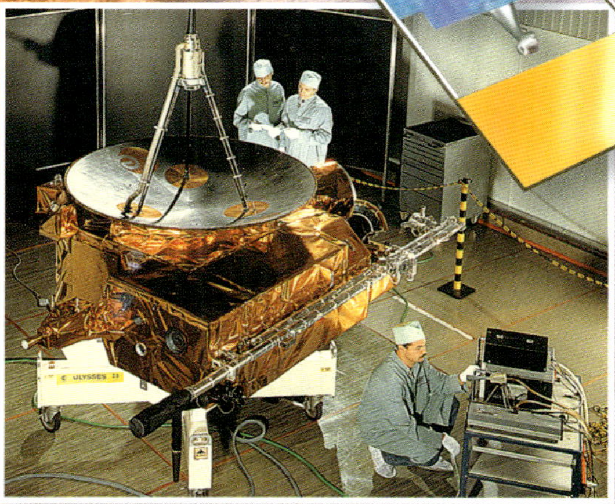

La naissance d'une sonde

La construction d'une sonde spatiale nécessite le travail de centaines de personnes. Dès qu'elle vole vers sa cible, la sonde se trouve hors de portée des astronautes : elle doit pouvoir fonctionner des années toute seule. La sonde européenne Ulysse (ci-dessus) a été lancée en 1990 pour explorer les pôles du Soleil jusqu'en 2001.

GROS PLAN

Des mondes nouveaux

« Ces engins nous ont permis de visiter le système solaire, ils nous ont fait toucher du doigt d'autres mondes merveilleux et, du même coup, nous ont montré combien le nôtre était fragile et rare…
Ce sont les premiers vaisseaux qui aient exploré ce qui sera peut-être le refuge de nos descendants », a écrit le scientifique américain Carl Sagan à propos des sondes spatiales.
Après sa mort, en 1996, la NASA a rebaptisé la sonde Mars Pathfinder « mémorial Sagan » en souvenir de ce passionné de l'aventure spatiale.

Objectif, Titan !

Cassini a commencé son voyage vers Saturne en 1997. Son arrivée est prévue le 1er juillet 2004. Sur le côté de Cassini, les scientifiques ont placé une sonde appelée Huygens. Voici son objectif.

Sonde larguée !

Nous sommes le 6 novembre 2004, Cassini largue la sonde Huygens à destination de Titan, le plus gros satellite de Saturne.

Un vol torride

Trois semaines plus tard, Huygens plonge dans l'épaisse atmosphère de Titan à 20 000 km/h. Son bouclier de protection est alors deux fois plus chaud que le soleil.

Attention, on freine !

Un petit parachute s'ouvre, pour ralentir la sonde à 1 400 km/h.

Ouverture du parachute principal

Un parachute plus grand freine encore la sonde. Le bouclier se sépare.

Sous les nuages

La descente se poursuit 2 heures encore. La sonde prend des photos de la surface de Titan.

Objectif atteint !

Huygens se pose sur du méthane gelé ou s'enfonce dans un lac de méthane liquide. Elle envoie encore quelques photos, puis cesse de fonctionner après 30 minutes environ.

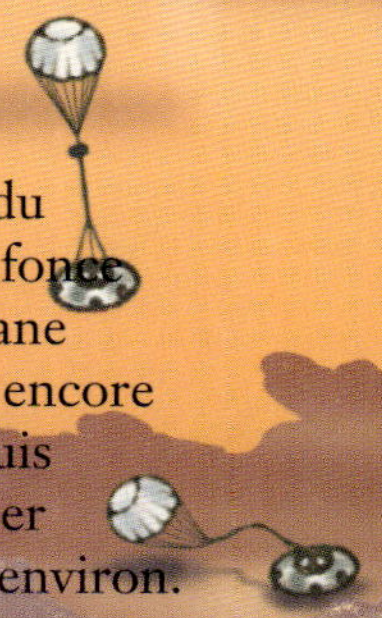

Il pourrait y avoir de la vie... dans le sous-sol de Mars...

... dans l'océan d'Europe...

sous les nuages de Titan...

... dans d'autres systèmes solaires

À LA RECHERCHE DE LA VIE

Sommes-nous seuls dans l'Univers ? La vie, présente partout sur la Terre, s'est-elle adaptée aux conditions extrêmes d'autres planètes ?
Les formes de vie que nous connaissons ont besoin d'eau. Or, Mars possédait des océans il y a des milliards d'années. La vie a pu apparaître alors, pour disparaître ensuite. Europe, un satellite de Jupiter, cache peut-être un océan sous sa croûte de glace. Et Titan, un satellite de Saturne, est riche en composés de carbone – les éléments qui ont donné naissance à la vie sur la Terre.
Les astronomes ont découvert des dizaines de planètes tournant autour d'autres étoiles que le Soleil. Mais ce sont toutes des géantes gazeuses, sur lesquelles la vie a peu de chances de se développer. Il se peut que les télescopes du futur découvrent de plus petites planètes, comme la Terre, porteuses de vie...

GROS PLAN

LES « CANAUX » DE MARS

Il y a un siècle, l'Américain Percival Lowell affirma qu'il avait découvert la preuve de l'existence d'une vie sur Mars : il vit en effet au télescope un réseau de lignes parcourant la planète et crut qu'il s'agissait de canaux construits par des êtres intelligents. Malheureusement, ces canaux n'étaient que des illusions d'optique. Néanmoins, les idées de Lowell ont suscité un très vif intérêt pour Mars, qui se manifeste encore aujourd'hui.

EXTRATERRESTRES

On les a imaginés sous bien des formes. Mais peut-être que notre esprit ne peut concevoir leur apparence.

DES REPTILES INTELLIGENTS

Des dinosaures évolués dirigent peut-être une planète. D'après certains chercheurs, si les dinosaures n'avaient pas disparu, ils seraient devenus intelligents et auraient fini par marcher debout.

DES ÊTRES FLOTTANTS

Les planètes gazeuses abritent peut-être des créatures flottant dans une atmosphère dense, comme des poissons dans l'eau.

Histoire de mots

Un acronyme est un mot formé d'initiales. En voici deux exemples appartenant au domaine de l'espace.
Ovni signifie objet volant non identifié. Les soucoupes volantes sont classées dans cette catégorie.
ET signifie extraterrestre, « qui vient de l'extérieur de la Terre ».

Incroyable !

• En 1974, grâce au radiotélescope d'Arecibo (à Porto Rico), des astronomes ont envoyé un message vers un amas stellaire (un groupe d'étoiles) baptisé M 13. Celui-ci est si éloigné de la Terre que nous ne recevrons la réponse de ses éventuels habitants que vers l'an 44000.

Zapping

• Quand explorerons-nous Titan, un satellite de Saturne ? Réponse page 17.
• Est-ce qu'une météorite venue de Mars est déjà tombée sur la Terre ? → page 33.
• Combien Jupiter a-t-il de satellites ? → pages 36-37.
• Qui a découvert des planètes autour d'étoiles autres que le Soleil ? → page 51.

L'espace sur écoute

Les chercheurs du projet Phoenix, consacré à la recherche d'autres formes d'intelligence, utilisent des radiotélescopes pour tenter de capter des signaux en provenance de l'espace. S'ils réussissent, ce sera la plus grande découverte de tous les temps. Mais serons-nous capables de décoder le message ?

Des microbes sur Mars ?

En 1996, une équipe de scientifiques a prétendu avoir extrait une bactérie fossilisée d'une météorite provenant de Mars. Mais cette découverte est mise en doute par la plupart des chercheurs. En attendant que l'on trouve une autre météorite martienne, le débat continue.

À toi de jouer

Comment créer un « ET » ?

Essaie de créer un habitant de Titan (un des satellites de Saturne) avec de la pâte à modeler, du papier, de la paille, des boîtes… Imagine ce qu'il mange, comment il se déplace, comment il se défend contre les prédateurs, comment il respire, voit et entend, comment il se protège du froid.
Voici quelques éléments dont tu dois tenir compte :

- Il fait très froid (– 178 °C environ).
- Titan est recouvert d'une épaisse fumée et son atmosphère ne contient pas d'oxygène.
- Le sol est rocheux ou glacé, sans doute creusé de cratères.
- L'eau est gelée ou presque, mais il y a peut-être des mers de méthane liquide, d'aspect huileux et brun rougeâtre.

Sous la glace d'Europe

Une croûte de glace craquelée recouvre Europe, l'un des satellites de Jupiter. Elle cache peut-être une masse de liquide, un océan réchauffé par des gaz volcaniques. Sur Terre, d'étranges vers, des poissons aveugles et des bactéries aimant la chaleur s'épanouissent au fond des océans, près des bouches volcaniques sous-marines. Europe abrite peut-être des formes de vie semblables. Une sonde sous-marine est actuellement à l'étude – pour aller voir.

Des créatures aussi légères qu'une plume…

Sur des planètes à faible densité, où la pesanteur est donc réduite, il existe peut-être des créatures filiformes, ayant deux bras et deux jambes comme nous : cette morphologie est en effet bien adaptée à la vie.

… ou bien très lourdes

Plus une planète est grosse et dense, plus la pesanteur y est forte. Sur une telle planète, les êtres seraient trapus, avec des pattes et une queue robustes pour supporter leur poids.

Le système solaire

Tu vas maintenant visiter la portion de l'espace dans laquelle se trouve la Terre. Tu découvriras les autres planètes du système solaire, avec leurs satellites, ainsi que des astéroïdes et des comètes. Tous tournent autour du Soleil, qui est notre étoile.
La visite commence par la Terre et son satellite, la Lune. Puis nous plongerons au cœur du système solaire pour approcher notre brûlante étoile, le Soleil.
Le voyage continuera en direction des planètes rocheuses les plus proches, puis vers la ceinture d'astéroïdes et, encore plus loin, vers les planètes gazeuses géantes. Enfin, nous terminerons par les confins sombres et glacés du système solaire, avec la visite de Pluton et un tour du côté des comètes.

page **22** Quelle est la taille du Soleil par rapport aux planètes du système solaire ?

Cap sur La famille du Soleil

page **24** Quand ce dinosaure est-il apparu sur la Terre ?

Cap sur Notre planète, la Terre

page **26** Que s'est-il passé après la terrible collision survenue il y a plus de 4 milliards d'années ?

Cap sur La Lune

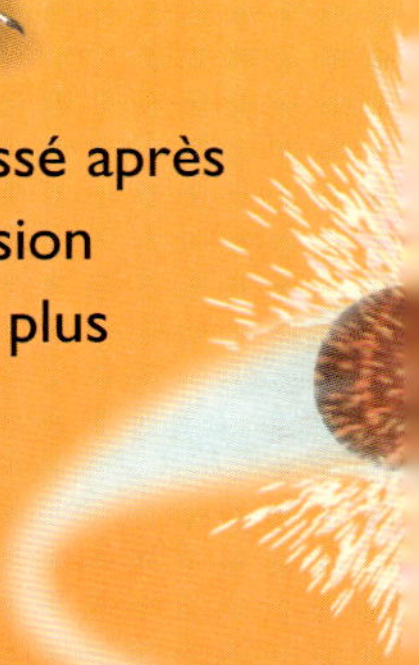

page **28** Quelle partie du Soleil voit-on sur cette photo ?

Cap sur Le Soleil

page **30** Comment les scientifiques ont-ils pu dresser la carte de Vénus ?

Cap sur Mercure et Vénus

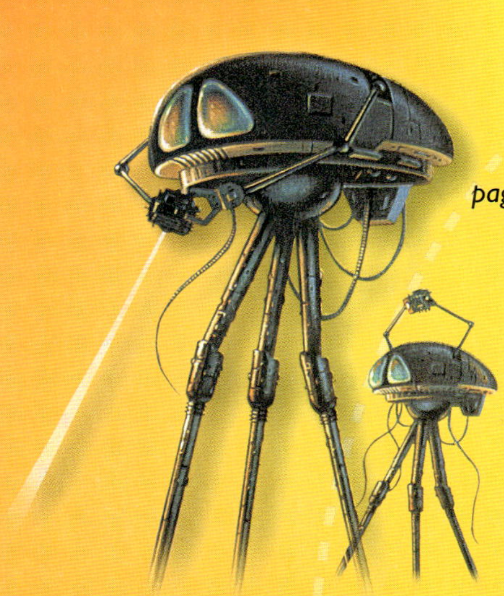

page 32 En 1938, des milliers de gens ont cru que ces extraterrestres allaient envahir la Terre. Pourquoi ?

Cap sur MARS

page 34 Comment un astéroïde peut-il obscurcir le ciel de la Terre ?

Cap sur LES ASTÉROÏDES

page 36 Que s'est-il passé à la surface de Jupiter en 1994 ?

Cap sur JUPITER

page 38

page 40 Quel est le contenu de ce message ? Et quel est son destinataire ?

Cap sur URANUS ET NEPTUNE

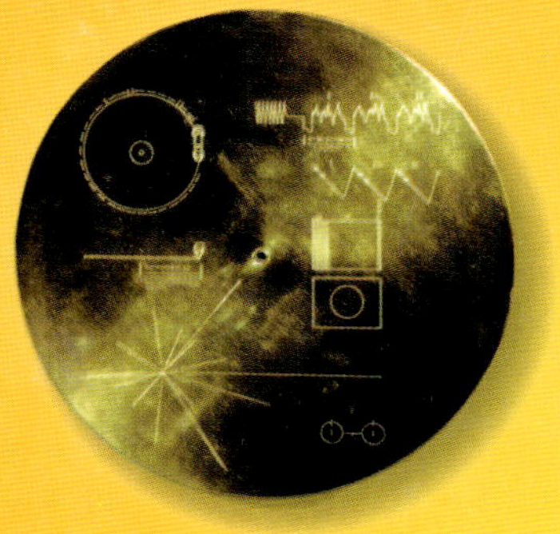

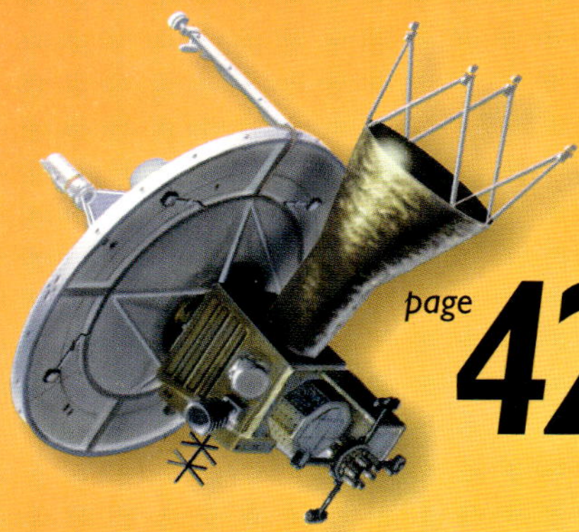

page 42 Quelle est la taille de la sonde qui pourrait visiter Pluton et son satellite Charon ?

Cap sur PLUTON… ET AU-DELÀ

page 44 Cette comète a deux queues : une blanche et une bleue. De quoi sont-elles composées ?

Cap sur LES COMÈTES

La famille du Soleil

La Terre appartient au système solaire, qui comprend le Soleil, neuf planètes, des dizaines de satellites et d'innombrables comètes et astéroïdes. Les planètes Mercure, Vénus, Mars, Jupiter et Saturne sont visibles à l'œil nu depuis la Terre, tandis qu'Uranus, Neptune et Pluton, plus éloignées du Soleil, ne peuvent être distinguées qu'avec des jumelles, une lunette ou un télescope. À l'exception de Mercure et de Vénus, les planètes ont des satellites (ou lunes).
Des milliers de miniplanètes rocheuses, les astéroïdes, gravitent entre Mars et Jupiter ou peuvent s'approcher de la Terre. Enfin, au-delà de Pluton, des millions de boules de neige et de glace parcourent l'espace. Lorsque l'une d'elles fonce vers le Soleil, elle se transforme en comète.

GROS PLAN

L'homme qui déplaça la Terre

Nous sommes en 1543. Tout le monde croit que la Terre est le centre du système solaire. Seul un homme pense autrement : Nicolas Copernic. « Le soleil se trouve au milieu de toutes les planètes », écrit-il.
Selon sa théorie, c'est le Soleil et non la Terre qui se trouve au centre de l'Univers.
Il sait que ses idées ne plairont pas, qu'elles lui vaudront peut-être même la prison. Aussi attend-il la veille de sa mort pour les publier. Il faudra encore plus d'un siècle pour qu'elles soient tout à fait acceptées.

Je tourne, tu tournes, ils tournent…

La puissante attraction exercée par le Soleil, appelée force de gravitation ou gravité, maintient les planètes, les comètes et les astéroïdes sur des orbites qui ont la forme d'ellipses, c'est-à-dire de cercles un peu écrasés. De plus, les planètes tournent sur elles-mêmes. L'année d'une planète est le temps qu'elle met pour faire le tour du Soleil, et son jour est le temps qu'elle met pour faire un tour complet sur elle-même. Sur Terre, l'année dure environ 365 jours.

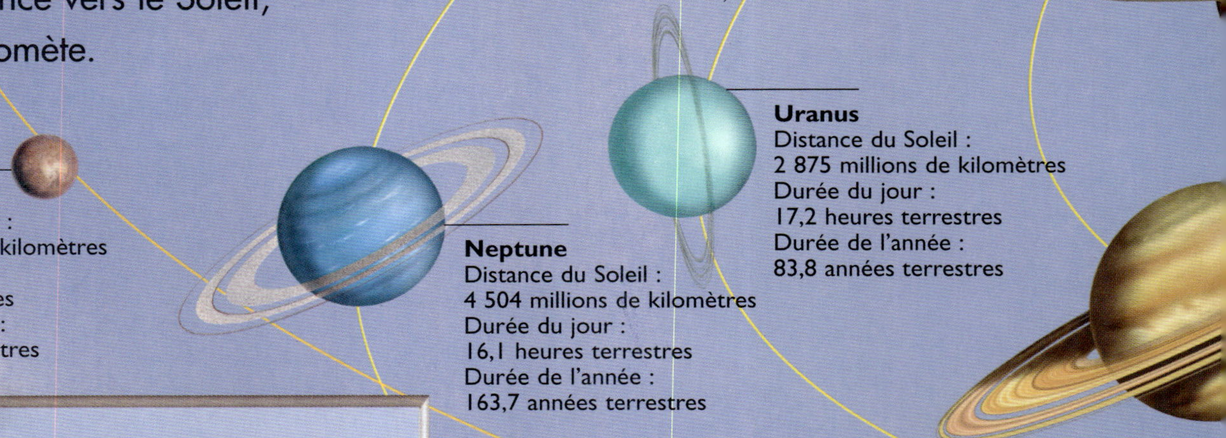

Pluton
Distance du Soleil :
5 916 millions de kilomètres
Durée du jour :
6,4 jours terrestres
Durée de l'année :
248 années terrestres

Neptune
Distance du Soleil :
4 504 millions de kilomètres
Durée du jour :
16,1 heures terrestres
Durée de l'année :
163,7 années terrestres

Uranus
Distance du Soleil :
2 875 millions de kilomètres
Durée du jour :
17,2 heures terrestres
Durée de l'année :
83,8 années terrestres

À TOI DE JOUER

L'échelle du système solaire

Prends un grain de poivre, deux petits pois, deux billes, deux citrons verts, une orange, un pamplemousse et un ballon de plage. Pose le ballon par terre : c'est le Soleil. Fais un pas, pose un petit pois : c'est Mercure. Fais un autre pas et pose une bille : c'est Vénus. Fais un demi-pas et pose l'autre bille : c'est la Terre, notre planète. À un pas et demi de la Terre, pose un petit pois pour Mars. Puis compte 9 pas avant de poser le pamplemousse pour Jupiter et 11 de plus avant de poser l'orange pour Saturne. Après 24 pas, place le citron Uranus, puis après 27 pas place l'autre citron, qui sera Neptune. Enfin, compte 24 pas pour le grain de poivre, le minuscule Pluton. En tout, il y a 99 pas du Soleil à Pluton.
Tu vois comme le système solaire est grand !

Grandes et petites planète

Il existe deux sortes de planètes : les géante gazeuses, comme Jupiter, Saturne, Uranus e Neptune, éloignées du Soleil. Et les petite planètes rocheuses, comme la Terre Mercure, Vénus et Mars, plus proches d Soleil. Pluton est à part : c'est un minuscul monde de glace très éloigné du Soleil Le dessin des planètes, à droite, permet d comparer leur taille en fonction de leu diamètre. Comme tu peux le voir, mêm Jupiter, la plus grosse des planètes est toute petite à côté du Soleil

Miranda, lune d'Uranus

Triton, lune de Neptune

Histoire de mots

Le vrai nom du Soleil est **Sol**, en l'honneur du dieu romain du Soleil. L'adjectif **solaire** est dérivé de ce nom.

Incroyable !

• Tu fonces en ce moment à plus de 100 000 km/h, la vitesse orbitale de la Terre autour du Soleil.
• Jupiter pourrait contenir 1 400 Terres, et le Soleil, 900 Jupiters.

Zapping

• Quelle est la place du système solaire dans l'Univers ? Réponses pages 8 et 56.
• Existe-t-il d'autres systèmes solaires dans l'Univers ? → page 50.
• Comment l'Univers est-il apparu ? → page 60.

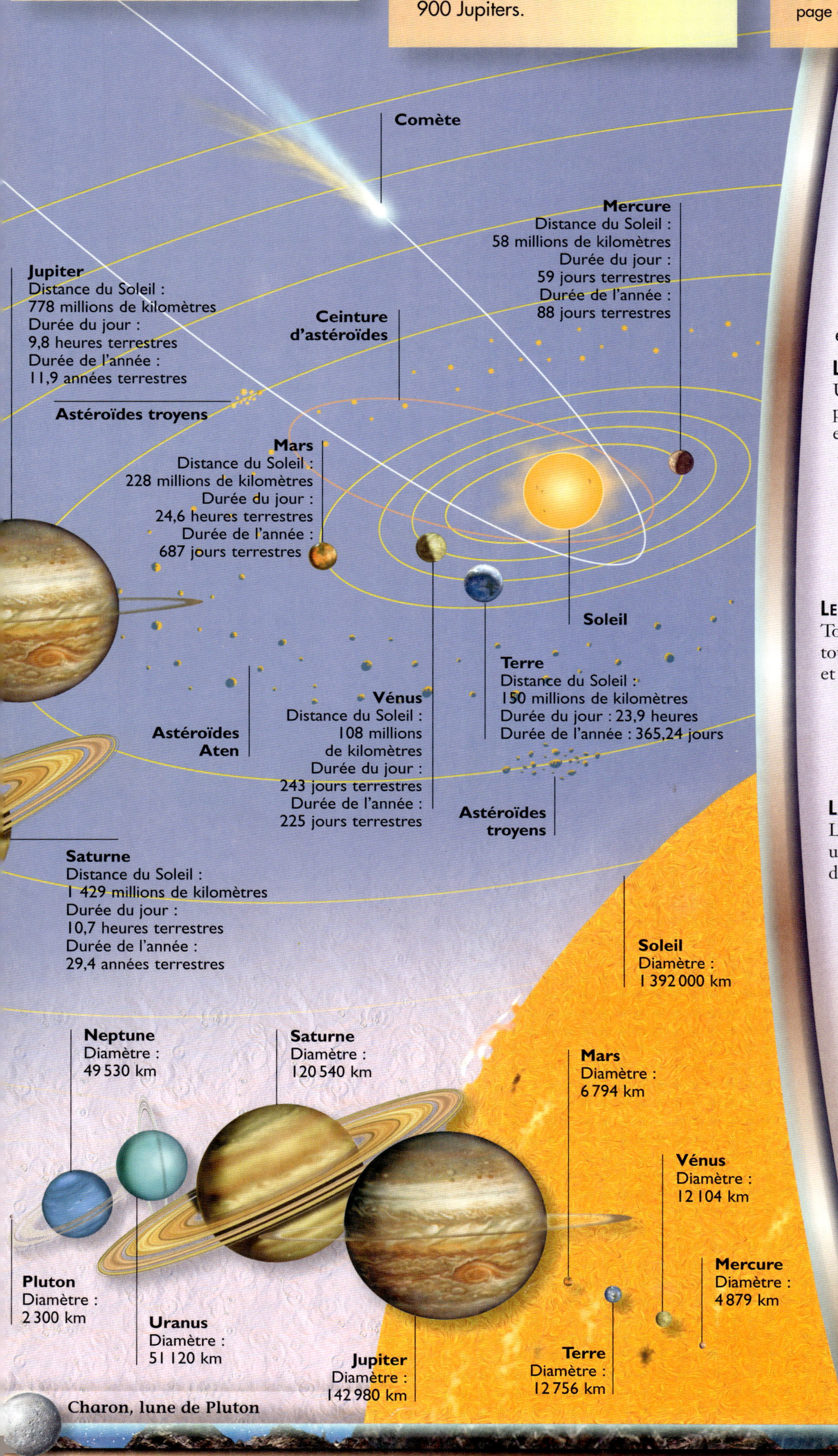

Naissance des planètes

Le système solaire est né d'un nuage de gaz et de poussière. Il y a 5 milliards d'années, le nuage a commencé à se contracter. Sous l'effet de la gravité, presque toute la matière est tombée vers le centre. En s'accumulant, les gaz se sont échauffés et ont donné naissance au Soleil. Les poussières et les gaz restés en périphérie sont devenus les planètes.

Le nuage originel se contracte

Une étoile voisine a peut-être explosé, provoquant le tassement du nuage de gaz et de poussière. Le Soleil s'est alors formé.

Le nuage se met à tournoyer

Tout en se contractant, le nuage se met à tourbillonner comme un ouragan. Il s'étale et dessine un disque autour du Soleil.

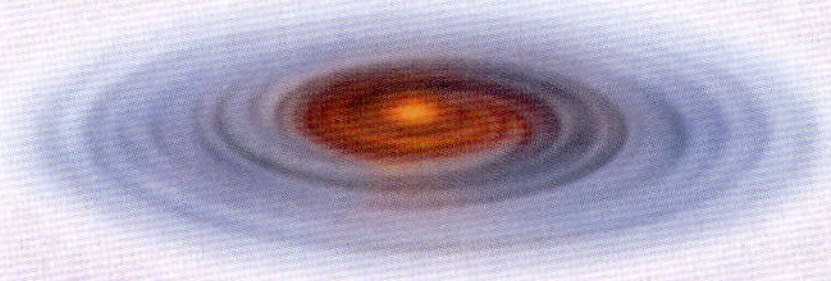

La poussière forme des amas rocheux

Les particules de poussière se collent les unes aux autres, formant des milliards d'amas rocheux.

Les amas rocheux se percutent

Les amas rocheux s'agglomèrent les uns aux autres et donnent naissance à des milliers d'objets de la taille d'une petite planète.

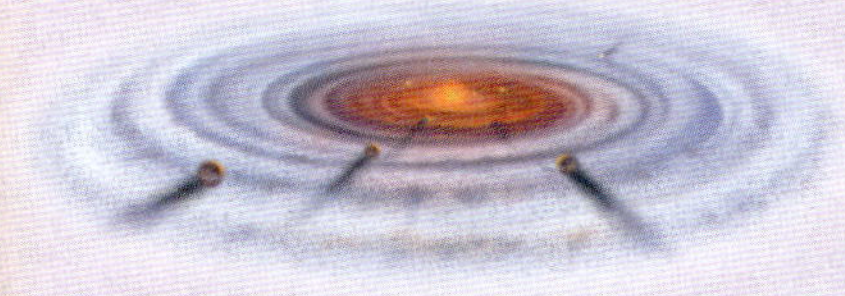

Le système solaire actuel

Les petites planètes se heurtent pendant des millions d'années, jusqu'à ce qu'il n'en reste plus que quelques-unes, les planètes du système solaire.

Déesse de la Terre (Mésopotamie)

Il y a 200 millions d'années

Il y a 90 millions d'années

Aujourd'hui

Notre planète, la Terre

Comme les autres planètes du système solaire, la Terre tourne autour du Soleil et sur elle-même. Mais c'est la seule qui réunisse les conditions nécessaires à la vie, sur laquelle on peut respirer, admirer le ciel, plonger dans la mer ou cueillir une pomme sur un arbre.
Les autres planètes sont trop chaudes ou trop froides, leur atmosphère est irrespirable ou bien elles n'ont pas de sol, comme Jupiter et Saturne.
De même que Mercure, Vénus et Mars, la Terre est une planète rocheuse, mais elle est beaucoup plus active. La chaleur de son noyau provoque des éruptions volcaniques et des tremblements de terre. Le vent, la pluie et les vagues remodèlent peu à peu le paysage.

Une bille magnifique
Sur cette vue prise depuis le hublot arrière de la navette spatiale (on voit la queue de la navette au premier plan), notre planète ressemble à une énorme bille flottant dans l'espace. Le bleu correspond aux océans, les zones blanches sont les nuages, légers et moutonneux par beau temps, tourbillonnant sur les zones de tempête. Les rouges, les bruns et les verts sont nos déserts, nos plaines, nos forêts et nos villes.

Structure de la Terre

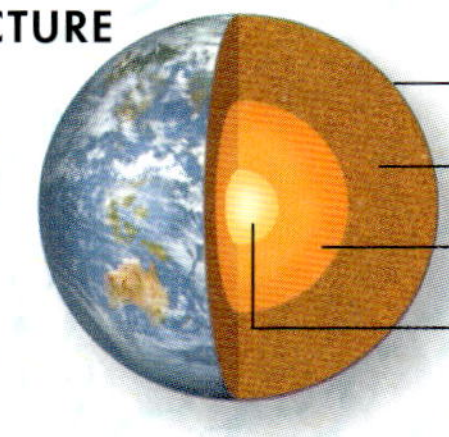

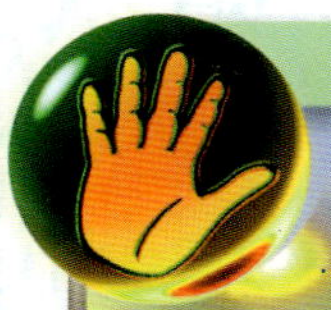

À toi de jouer

Jeu d'ombres

Nous avons toujours l'impression que c'est le Soleil qui tourne dans le ciel. En suivant le déplacement des ombres, tu t'apercevras que c'est bien la Terre qui tourne autour de lui (et tu pourras lire l'heure au soleil).

1. Par un jour ensoleillé, plante un bâton dans le sol.
2. Toutes les heures, plante un petit bâton au bout de l'ombre du premier bâton et inscris l'heure dessus.
3. Dans la semaine qui suit, amuse-toi à lire l'heure sur ton cadran solaire.

Les origines

Il y a de 4,6 à 4 milliards d'années
Une pluie d'astéroïdes et de comètes tombe sur la Terre. À cause de la chaleur dégagée par les impacts, la lave coule à flots. Les gaz des volcans rendent l'atmosphère étouffante. Les premiers océans se forment, mais s'évaporent aussitôt. La vie est impossible.

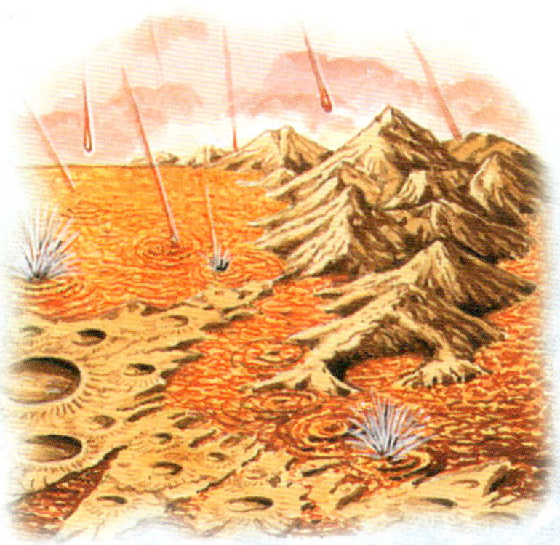
Des astéroïdes bombardent la Terre.

Il y a 3,8 milliards d'années
L'infernal bombardement s'arrête. La Terre refroidit, les océans se forment. Leur eau provient de la glace fondue des débris de comète et de la transformation (par condensation) des gaz volcaniques en pluie. Des cellules se forment au fond des océans. C'est le début de la vie. Les premières plantes dégagent de l'oxygène dans l'air.

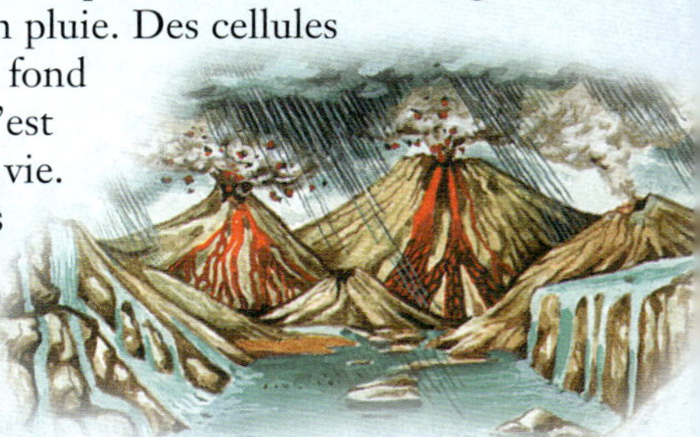
La vie apparaît au fond des océans.

Histoire de mots

Les Anciens donnaient au monde le nom de leur dieu ou de leur déesse de la Terre ou de la Fertilité. Puis le mot **Terre**, du latin *Terra*, s'est généralisé. Pourtant notre planète devrait s'appeler Océan, car l'eau recouvre les trois quarts du globe !

Incroyable !

- Il y a 3 milliards d'années, la Terre tournait plus vite et le jour ne durait que 18 heures.
- Sur la Terre, la pluie et le vent ont effacé la plupart des cratères dus aux impacts d'astéroïdes. Ce n'est pas le cas sur la Lune.

Zapping

- Comment se passe un voyage en navette spatiale ? Réponse pages 12-13.
- Y a-t-il d'autres formes de vie dans l'Univers ? → page 18.
- Comment la Lune s'est-elle formée ? → page 27.
- Quelle planète ressemble le plus à la Terre ? → page 32.

Le jour et la nuit

La Terre met 24 heures pour faire un tour complet sur elle-même, appelé rotation. Cette rotation est à l'origine du jour et de la nuit. Pour comprendre ce phénomène, lève la tête vers le Soleil par beau temps. Puis tourne sur toi-même. Au début, ta figure est éclairée par le Soleil, puis elle se retrouve dans l'ombre. C'est la même chose pour la Terre. La partie où tu vis est tournée vers le Soleil quand il fait jour, puis elle se détourne peu à peu et la nuit tombe.

GROS PLAN

Une vue imprenable

Voir la Terre de loin est l'un des grands plaisirs d'un voyage dans l'espace. « C'est magique, raconte Kathy Sullivan, qui a effectué une mission sur la navette spatiale en 1990. On flotte vers les sièges avant et on a un superbe panorama sur la Terre en bas, par les six grands hublots de la navette. On voit les fleuves, les villes et les aéroports. La nuit, on peut même repérer sa ville à l'aide des lumières, à condition de bien connaître sa géographie ! »

L'explication des saisons

La Terre est légèrement inclinée sur son axe, c'est-à-dire qu'elle est comme penchée sur le côté. Le pôle Nord est ainsi incliné vers le Soleil une partie de l'année. Par conséquent, la moitié nord de la planète reçoit plus de soleil – c'est l'été pour elle. Six mois plus tard, quand la Terre a fait la moitié de son voyage autour du Soleil, c'est l'inverse : le pôle Sud est incliné vers le Soleil – c'est l'été dans l'hémisphère Sud.

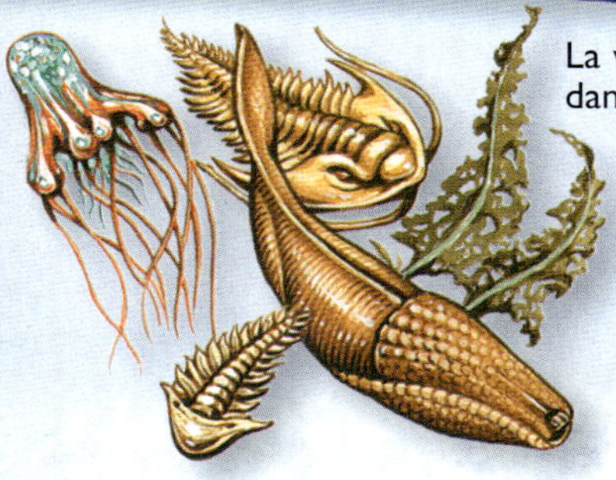

La vie pullule dans les océans.

Il y a 550 millions d'années

Des espèces étranges de plantes et d'animaux peuplent les océans. La plupart s'éteignent, mais quelques-unes survivent, devenant des poissons et des coquillages. Les amphibiens apparaissent et gagnent la terre ferme.

Il y a 200 millions d'années

Des reptiles qui marchent sur leurs pattes arrière se répandent. Les dinosaures régneront plus de 140 millions d'années sur la Terre.

Les premiers dinosaures apparaissent.

Il y a 200 000 ans

Les mammifères dominent le monde et l'ancêtre de l'homme moderne apparaît.

Les premiers hommes marchent sur la Terre.

Diane, déesse romaine de la Chasse, de la Nature et de la Lune

Le module lunaire Apollo

La Lune

Sur la Lune, tu pèses six fois moins lourd que sur la Terre, car la gravité y est six fois inférieure à celle de notre planète. Mais tu ne peux pas sortir sans combinaison, car il n'y a pas d'oxygène. Ton scaphandre te protège aussi des températures extrêmes qui règnent sur la Lune : 100 °C au soleil et – 150 °C pendant la nuit, qui dure deux semaines.

Les astronautes ont laissé des empreintes quasi éternelles sur le sol poudreux de la Lune. En effet, comme il n'y a ni vent ni pluie (ni aucune forme de vie) pour les effacer, ces traces resteront là pendant des millions d'années.

Structure de la Lune

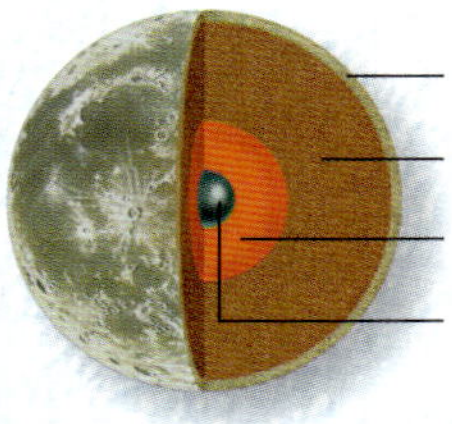

GROS PLAN

On a marché sur la Lune !

Durant les six missions Apollo, de 1969 à 1972, douze astronautes ont marché sur la Lune. Voici les impressions à chaud de six d'entre eux :
Neil Armstrong, Apollo 11 : « Quelle beauté austère… c'est vraiment spécial. »
Buzz Aldrin, Apollo 11 : « Un paysage à la fois désolé et magnifique… »
Alan Bean, Apollo 12 : « On peut sauter en l'air ! »
Pete Conrad, Apollo 12 : « Youpi ! Je saute par-dessus un cratère. C'est génial ! »
John Young, Apollo 16 : « Oh, regardez ces superbes rochers ! »
Charlie Duke, Apollo 16 : « Hourra ! Je marche sur la Lune ! »

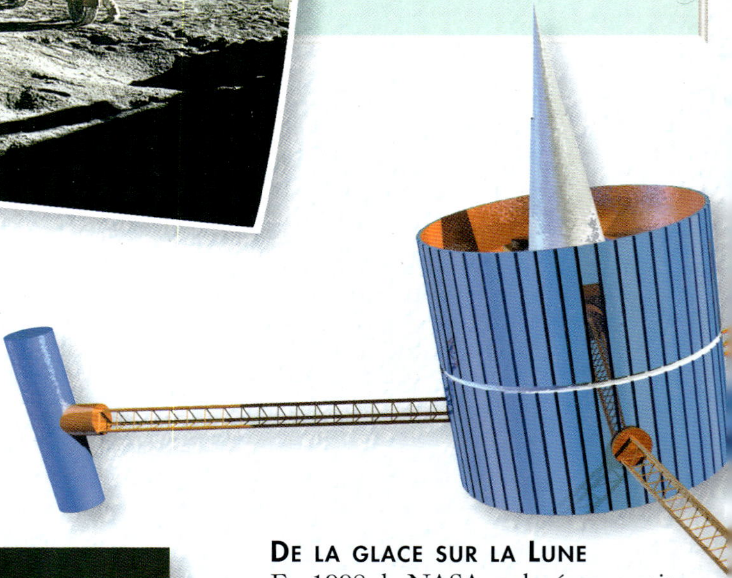

De la glace sur la Lune
En 1998, la NASA a placé une petite sonde en orbite autour de la Lune, Lunar Prospector. Cette sonde a repéré l'existence de glace aux pôles Sud et Nord – mais tu ne pourrais pas patiner dessus, car elle est mélangée à des roches et à des cailloux. Un jour, les astronautes pourront sans doute se servir de cette glace comme réserve d'eau et de combustible pour leurs fusées.

À TOI DE JOUER

Recrée les phases de la Lune

Il te faut une torche pour le Soleil et un ballon enveloppé de papier aluminium pour la Lune. Mets-toi au milieu d'une pièce sombre : tu es la Terre. Un de tes copains se place à quelques pas de toi, le ballon-Lune levé au-dessus de la tête. L'autre se met à quelques pas derrière lui et éclaire le ballon avec sa torche-Soleil. Celui qui tient le ballon tourne autour de toi : tu verras ainsi défiler les différentes phases de la Lune.

Luna 9, 1966

Surveyor, 1966-1968

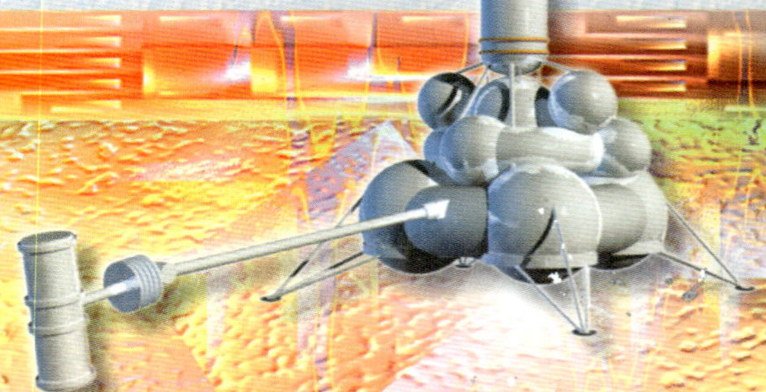

Luna 16, 1970

Histoire de mots

Les **mers** lunaires (du latin *mare*) n'ont jamais contenu d'eau. Ce sont de vastes plaines, autrefois envahies de lave. Les **cratères** (du grec *kratêr*, « vase ») qui grêlent la surface de la Lune ont été creusés par ces impacts de comètes et d'astéroïdes.

Incroyable !

- La surface totale de la Lune est égale à celle de l'Afrique.
- Le cratère Copernic est 2 fois plus profond que le Grand Canyon.
- Dans le ciel lunaire, la Terre est 4 fois plus grosse et 60 fois plus brillante que la Lune dans le nôtre.

Zapping

- À quel sport l'homme a-t-il joué sur la Lune ? Réponse page 12.
- Comment se déroule une éclipse de Lune ? → page 29.
- Laquelle des deux est la plus grosse : la Lune ou Pluton ? → page 42.

La face visible de la Lune

C'est le côté de la Lune toujours tourné vers la Terre. Il est creusé de milliers de cratères. Les astronautes des missions Apollo se sont posés de ce côté, à six endroits différents.

Les phases de la Lune

Si la Lune paraît changer de forme, c'est que, durant sa course dans le ciel autour de la Terre, elle n'est pas toujours éclairée de la même façon par le Soleil. Lorsqu'elle passe entre le Soleil et la Terre, sa face dite visible (celle qui est tournée vers nous) est plongée dans le noir. C'est ce qu'on appelle la nouvelle lune. Deux semaines plus tard, la Lune a parcouru la moitié de son orbite. La face visible est alors entièrement éclairée par le Soleil : c'est la pleine lune. La Lune met 29 jours pour faire le tour de la Terre.

Nouvelle lune
La face de la Lune tournée vers nous est toute dans le noir.

Premier croissant
On le voit apparaître dans le ciel à l'ouest, le soir, juste après la nouvelle lune.

Premier quartier
On l'aperçoit tout en haut du ciel, à l'heure où le soleil se couche.

Lune gibbeuse croissante
9 à 12 jours après la nouvelle lune, la Lune a cette forme en début de soirée.

Pleine lune
Ronde et lumineuse, elle se lève à l'est tandis que le soleil se couche à l'ouest.

Lune gibbeuse décroissante
Elle apparaît quelques jours après la pleine lune, et se lève tard dans la nuit.

Dernier quartier
Il se lève après minuit et atteint son point le plus haut à l'aube.

Dernier croissant
Il faut se lever tôt pour l'apercevoir. Il se trouve au ras de l'horizon à l'est, au lever du soleil.

D'où vient la Lune ?

Il y a 4,5 milliards d'années, une petite planète est entrée en collision avec la Terre. La force de l'impact a fait exploser la petite planète et projeté dans l'espace d'énormes fragments rocheux arrachés aux couches supérieures de la Terre. En retombant, ces débris rocheux se sont agglomérés avec ceux de l'autre planète : ils ont formé la Lune.

Lunokhod, 1970-1971

Apollon, dieu grec du Soleil

Amaterasu, déesse japonaise du Soleil

Horus, dieu égyptien du Soleil

Le Soleil

Le Soleil est une étoile beaucoup plus proche de nous que les étoiles qui brillent le soir dans le ciel. Sans cette proximité, la Terre serait aussi froide et nue que Pluton. Les plantes ont besoin de la lumière du Soleil pour pousser – et les hommes et les animaux ne peuvent survivre sans les plantes. Le Soleil brille depuis cinq milliards d'années. À sa surface, la température atteint 6 000 °C. On dirait qu'il est en feu, mais il ne brûle pas comme un morceau de bois. C'est en fait une bombe nucléaire géante, qui libère une quantité fantastique d'énergie dans l'espace, sous forme de lumière et de chaleur.

Les effets spéciaux du Soleil
À la surface du Soleil, les tempêtes créent un vent de particules dans l'espace. Parfois, celles-ci retombent dans notre atmosphère et créent ce que l'on appelle une aurore polaire. C'est souvent à proximité des pôles qu'on peut en voir : on dirait un rideau de lumière verte, rouge ou rose, qui ondule dans le ciel.

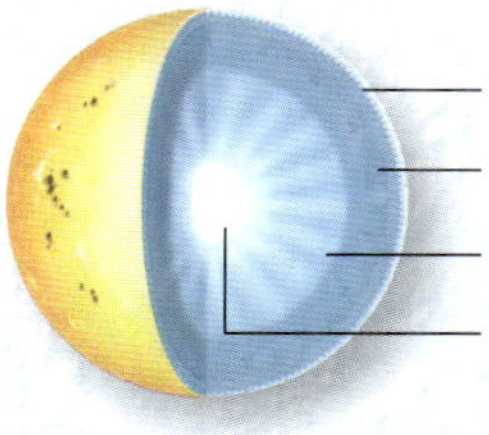

Structure du Soleil

ATTENTION : ne regarde jamais le Soleil sans protection – tu pourrais devenir aveugle. Pour observer une éclipse, procure-toi un filtre spécial auprès d'un club d'astronomie ou d'un observatoire.

GROS PLAN

Un calendrier de pierres

Nous sommes en 1500 avant J.-C. C'est l'été, le soleil va se lever. Des centaines de personnes sont réunies au milieu d'un cercle de menhirs géants, à Stonehenge, en Angleterre.
Un événement exceptionnel se produit : le Soleil apparaît au-dessus d'une des pierres dressées, comme il le fait une fois par an, le 21 juin. Les Anciens peuvent célébrer le solstice d'été.

Masque inca du Soleil

Temple maya dédié au Soleil

Histoire de mots

La déesse romaine de l'Aube, Aurora, a donné son nom à l'**aurore boréale** (aube du Nord) dans l'hémisphère Nord et à l'**aurore australe** (aube du Sud) dans l'hémisphère Sud.

Incroyable !

- En 1 seconde, le Soleil émet plus d'énergie que l'humanité n'en a consommée durant son histoire.
- À 90 km/h, une voiture mettrait 170 ans pour atteindre le Soleil.

Zapping

- Quel est l'effet de l'attraction exercée par le Soleil sur les planètes qui sont situées autour ? Réponse page 22.
- Le Soleil est-il la seule étoile entourée de planètes ? → page 50.
- Où se trouve le Soleil dans notre galaxie ? → page 56.

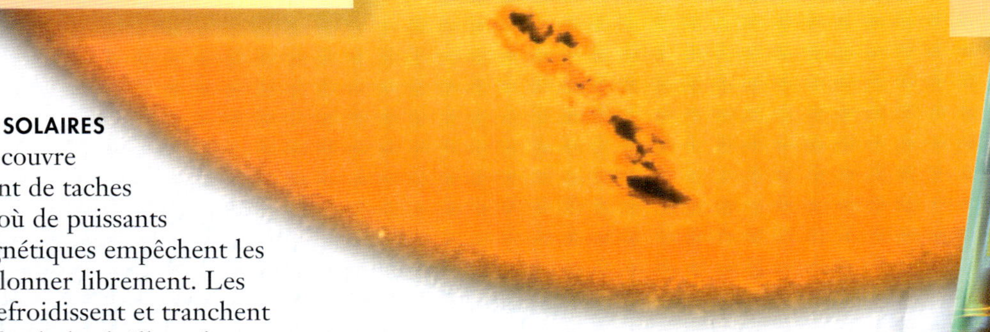

Les taches solaires

Le Soleil se couvre régulièrement de taches sombres, là où de puissants champs magnétiques empêchent les gaz de bouillonner librement. Les gaz piégés refroidissent et tranchent alors sur le fond plus brillant du disque. Le nombre de taches atteint un sommet tous les 11 ans, mais on ne connaît pas l'effet de ces cycles solaires sur la Terre.

Un astre sous surveillance

Des satellites observent en permanence le Soleil. Le satellite SOHO (ci-dessous) l'a pris en photo des milliers de fois. Le satellite ACE étudie les particules projetées par le Soleil dans l'espace, tandis que le satellite Polar se concentre sur les aurores polaires.

Une énorme boule de feu

Le Soleil est gigantesque : il contient 99,99 % de la matière du système solaire et pourrait renfermer 1 million de Terres. Cette image prise par le satellite SOHO montre une langue de gaz géante, appelée protubérance, qui s'élance dans l'espace. La Terre ne serait pas plus grosse qu'une tête d'épingle à côté.

Ombres chinoises

L'éclipse de Soleil

Tous les 18 mois environ, la Lune passe exactement entre la Terre et le Soleil et projette son ombre sur une étroite bande de notre planète. Ceux qui se trouvent sur cette bande voient alors le disque noir de la Lune recouvrir le Soleil pendant quelques minutes. Seule l'atmosphère extérieure du Soleil, qu'on appelle la couronne, reste visible.

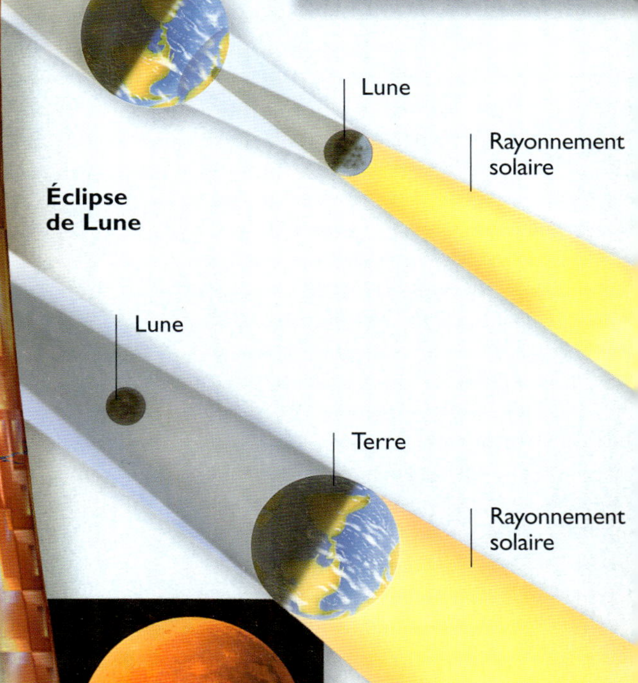

L'éclipse de Lune

Une éclipse de Lune totale se voit de la moitié de la Terre plongée dans la nuit. Quand la pleine lune passe à l'intérieur de l'ombre projetée par la Terre, elle s'assombrit pendant 1 heure, tandis que la lumière solaire déviée par notre atmosphère (comme lorsque le soleil se couche) la fait paraître rouge.

Mercure, messager des dieux romains

Vénus, déesse romaine de l'Amour

Mercure et Vénus

Bienvenue sur les deux planètes les plus brûlantes du système solaire. C'est parce qu'elles gravitent tout près du Soleil qu'elles sont aussi chaudes.

Mercure effectue un tour complet autour du Soleil en 88 jours, et il lui faut 59 jours pour tourner sur son axe. Les deux phénomènes se combinant, le Soleil ne se lève que tous les 176 jours (presque six mois !). À midi, la température grimpe à 430 °C tandis que, la nuit, elle chute à – 180 °C.

Sur Vénus, la chaleur est encore plus intense : 460 °C jour et nuit. En effet, son atmosphère épaisse retient l'énergie solaire et chauffe la planète à la manière d'une couverture. En outre, il y pleut de l'acide sulfurique.

De 1970 à 1986, les Russes ont envoyé dix sondes Venera sur Vénus. Aucune n'a survécu plus d'une heure à ces conditions infernales.

À TOI DE JOUER

Repère Mercure et Vénus

On appelle souvent Vénus l'« étoile du soir » ou l'« étoile du matin », car elle apparaît dans le bas du ciel juste après le coucher du soleil et juste avant son lever. Cette planète est très brillante, car son atmosphère épaisse réfléchit la lumière du soleil comme un miroir.

Mercure est plus difficile à voir : elle est si près du Soleil qu'elle n'apparaît qu'au ras de l'horizon. Sur la photo, Mercure est perdue dans les branches de l'arbre, alors que Vénus brille au-dessus du croissant de lune.

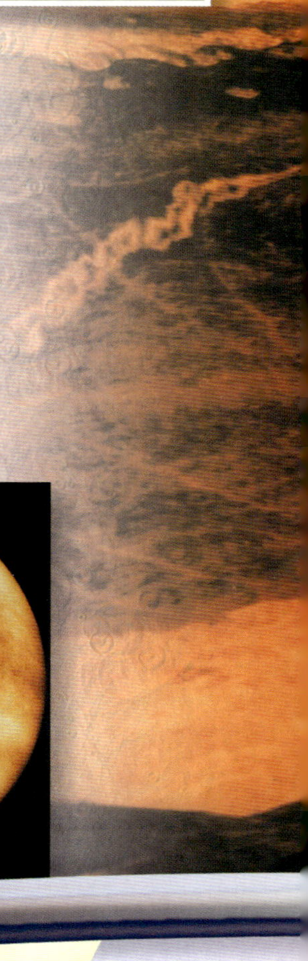

Les volcans vénusiens

Photographiée par la sonde Magellan, cette image (à droite) montre Maat Mons, le plus haut des 167 volcans géants de Vénus. Avec une altitude de 8 000 m, Maat Mons est presque aussi haut que l'Everest. Pendant plusieurs millions d'années, la lave s'est accumulée sur ses flancs. On ne sait pas si les volcans de Vénus sont toujours en activité.

Structure de Mercure

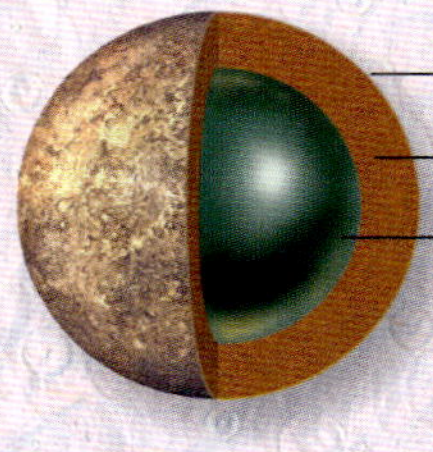

Structure de Vénus

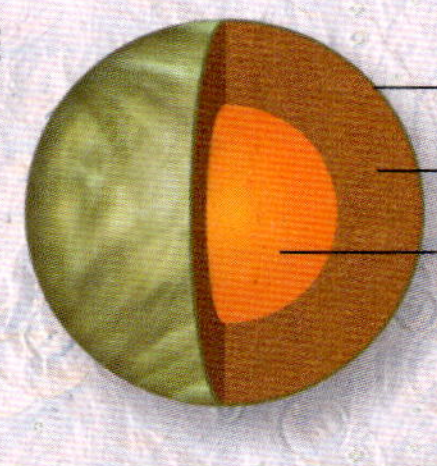

Une planète au ciel chargé

Voici Vénus. L'air est clair, mais il tremble tant la chaleur est intense. Le ciel rouge est chargé de nuages, comme par un jour de mauvais temps sur la Terre. Un épais brouillard masque en permanence le Soleil pendant la journée, et les étoiles la nuit.

La carte de Vénus

De 1989 à 1993, la sonde Magellan a balayé la surface de Vénus de signaux radar : ces ondes radioélectriques transpercent les nuages, ricochent à la surface de la planète et reviennent vers la sonde. Ainsi est-on parvenu, peu à peu, à dessiner l'image du relief vénusien.

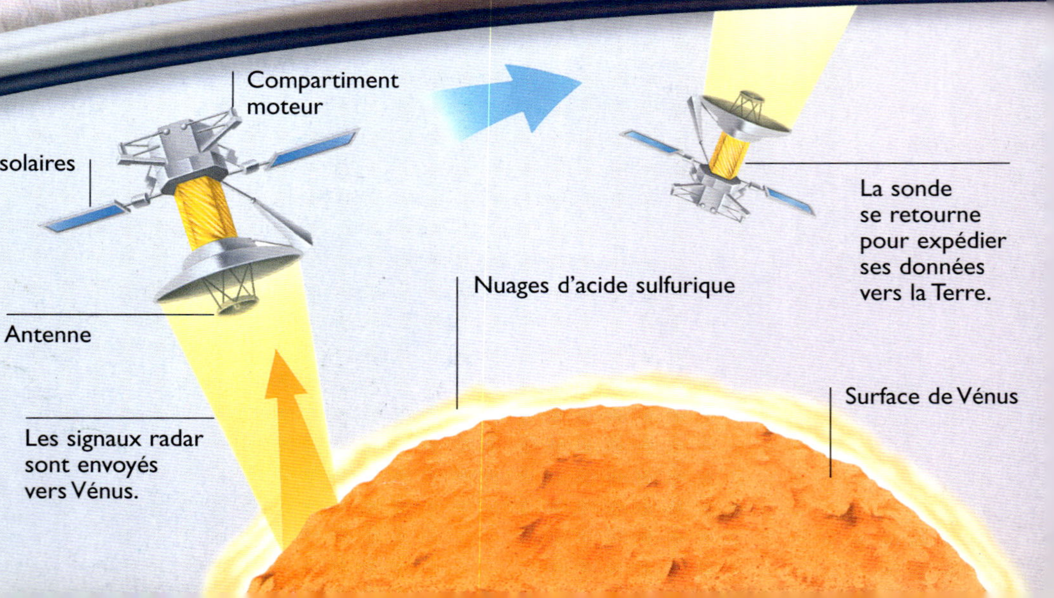

Histoire de mots

• **Mercure** file si vite autour du Soleil que les Romains lui ont donné le nom du messager ailé de leurs dieux.
• **Vénus** porte le nom de la déesse de l'Amour et de la Beauté.

Incroyable !

• Le noyau de Mercure est plus gros que la Lune.
• L'un des cratères d'impact de Mercure mesure la moitié des États-Unis en largeur.
• Vénus tourne sur elle-même dans le sens inverse des autres planètes.

Zapping

• Comment les scientifiques vont-ils explorer Titan, le satellite de Saturne ? Réponse page 17.
• À quel type de planètes appartiennent Mercure et Vénus ? → page 24.
• À quelle distance du Soleil se trouvent Mercure et Vénus ? → page 23.

La planète aux cratères
On dit que Mercure ressemble à la Lune, car toutes deux sont des mondes sans vie et couverts de cratères. Mais, contrairement à la Lune, il semble que Mercure n'ait pas de grandes plaines de lave. Toutefois, on ne dispose pas encore de vues rapprochées de toute la planète : Mariner 10, le seul engin à avoir approché cette planète, n'a pu repérer que la moitié de sa surface.

Assembler le puzzle
Magellan transmet ses images radioélectriques à la Terre. Chacune correspond à une partie de Vénus mesurant 16 000 km de long sur 24 km de large. Les chercheurs assemblent alors les images pour reconstituer la planète.

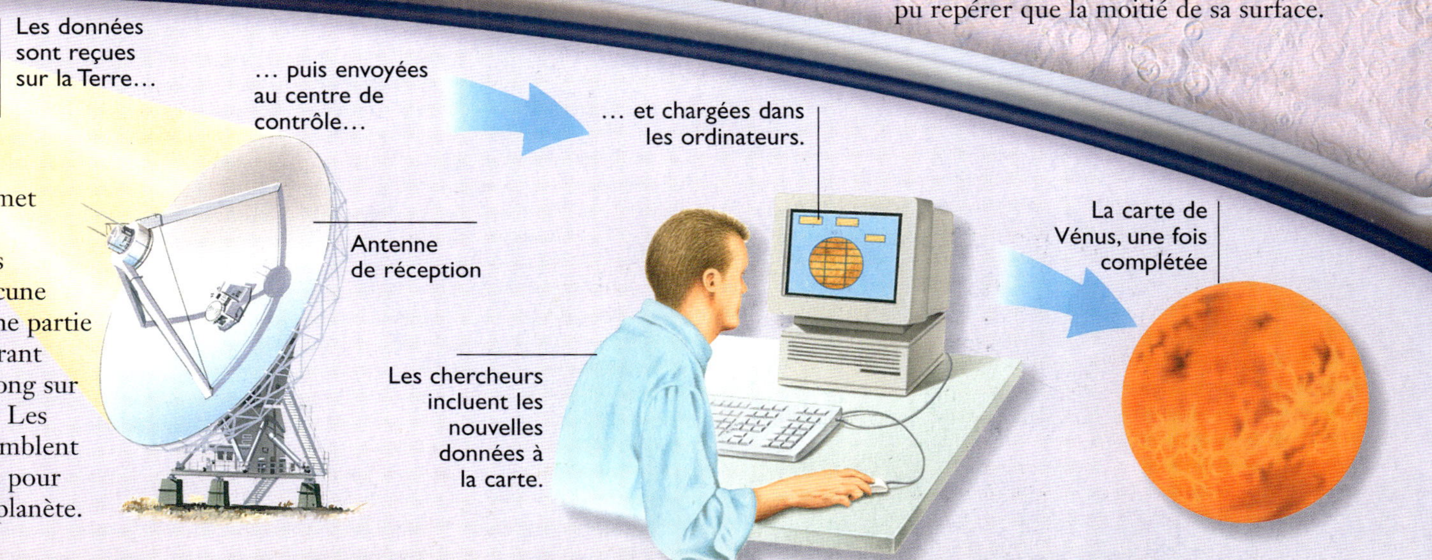

Mars, dieu romain de la Guerre

Viking, 1976

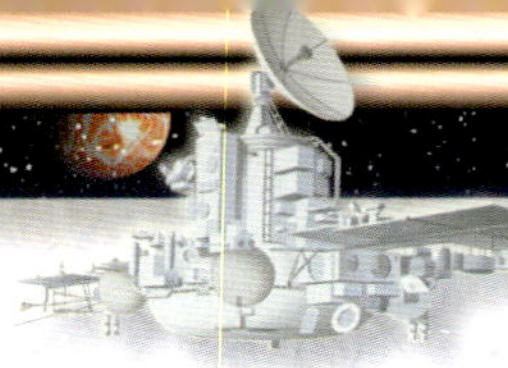
Phobos, 1989

Mars

Mars est la planète qui ressemble le plus à la Terre ; la journée y dure seulement 40 minutes de plus que chez nous ; il y a un été et un hiver et, jadis (il y a des milliards d'années), la température devait y être aussi élevée que sur la Terre. À cette époque, la planète était parcourue de rivières, et un océan couvrait peut-être une grande partie de sa surface.

En 1996, des scientifiques ont affirmé avoir trouvé des traces de vie fossilisées dans une météorite provenant de Mars. Mais la plupart des spécialistes n'y croient pas : pour eux, rien ne prouve l'existence d'une vie passée sur Mars. Des astronautes se rendront probablement sur Mars au cours de ta vie. Ils devront porter une combinaison, car l'air ne contient pas d'oxygène et il fait très froid : 0 °C le jour et – 80 °C la nuit en été, – 125 °C en hiver.

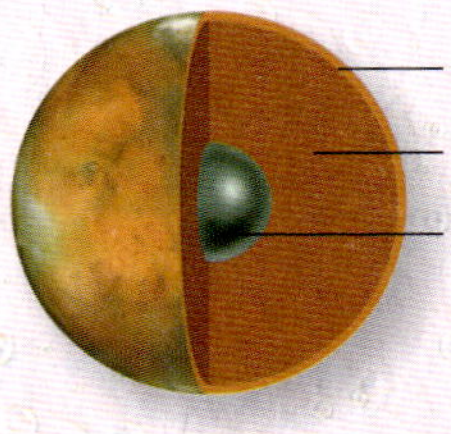

Structure de Mars

GROS PLAN

En mission sur Mars

Rêvons un peu : tu es le premier spationaute en mission sur Mars. Tu descends lentement l'échelle de ton module d'atterrissage.

Il t'a fallu 6 mois pour atteindre Mars. Tes muscles et tes os sont affaiblis par ce long séjour en apesanteur, tu es exposé à des radiations dangereuses, car l'atmosphère terrestre n'est plus là pour les arrêter.

Un beau désert rouge s'étend sous tes yeux. Le ciel, plutôt sinistre, est orange. Ça y est : tu es le premier homme à fouler le sable rouge de Mars, sous les yeux de milliards de téléspectateurs. Que leur dis-tu ?

Un relief vertigineux

Le sol de Mars est hérissé de volcans et creusé de gorges profondes. Le plus grand volcan est Olympus Mons. Trois fois plus haut que l'Everest, c'est la montagne la plus élevée du système solaire. La gorge la plus impressionnante, appelée Valles Marineris, fait 4 500 km de long et plus de 6 km de profondeur : à côté d'elle, le Grand Canyon du Colorado, aux États-Unis, fait figure d'égratignure.

Les satellites

Mars possède deux petits satellites en forme de pomme de terre. Deimos, le plus éloigné, ne mesure que 15 km de long, tandis que Phobos mesure 27 km. Il s'agit sans doute d'anciens astéroïdes, capturés par la force d'attraction de Mars au début de son histoire.

Sojourner, 1997

Mars Global Surveyor, 1997-2000

Histoire de mots

Mars est le nom du dieu romain de la Guerre. C'est sans doute la couleur rouge de cette planète, évoquant le sang et la guerre, qui explique que les Anciens l'aient ainsi baptisée.

Incroyable !

- Si toute la glace de Mars fondait, il se formerait un océan de 10 à 100 m de profondeur.
- Sur Deimos, la pesanteur est si faible que tu pourrais sauter d'un bond dans l'espace.

Zapping

- Pourquoi la NASA a-t-elle envoyé un véhicule sur Mars ? Réponse page 16.
- À quoi ressemblent les traces fossilisées découvertes sur une météorite en provenance de Mars ? → page 19.

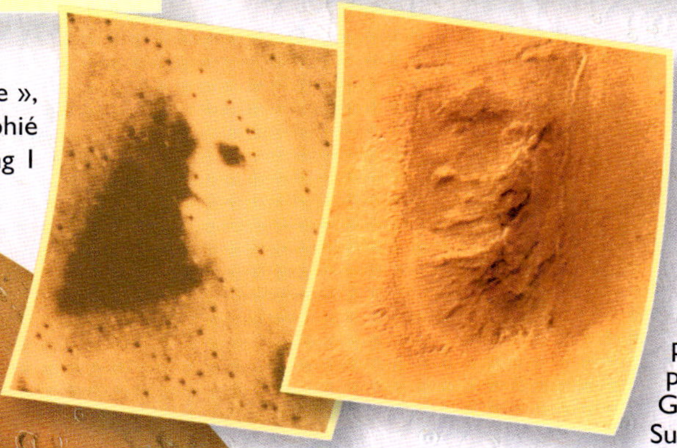

Le « Visage », photographié par Viking 1

Le même endroit, photographié par Mars Global Surveyor

L'histoire du « Visage »
En 1976, le vaisseau spatial Viking 1 a photographié une forme mystérieuse, ressemblant à un visage humain. Était-ce la preuve qu'il y avait une vie sur Mars ?
En 1998, la sonde Mars Global Surveyor a balayé la zone avec un appareil plus puissant. Les clichés, nettement plus précis, ont révélé la vérité : il s'agit d'une colline ancienne modelée par le vent et non d'un visage sculpté par des Martiens.

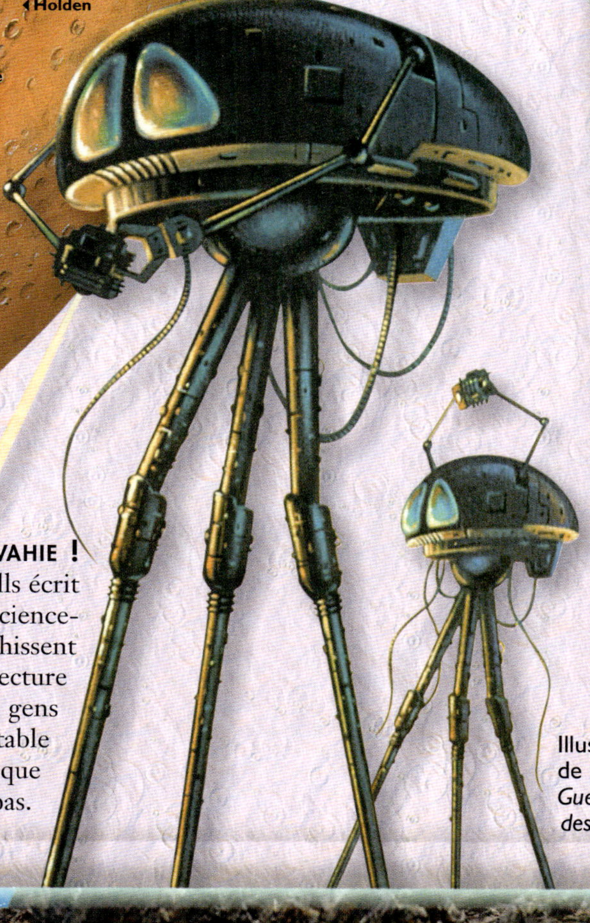

Illustration de *la Guerre des mondes*

La Terre envahie !
En 1897, l'écrivain H.G. Wells écrit *la Guerre des mondes*, un roman de science-fiction dans lequel des Martiens envahissent notre planète. En 1938, lors d'une lecture du livre à la radio, des milliers de gens paniquent, croyant à une véritable invasion. On sait maintenant que les Martiens n'existent pas.

Mars sur la Terre

Les sondes spatiales n'ont pas encore rapporté d'échantillons de Mars. Néanmoins, on pense avoir découvert une bonne douzaine de morceaux de Mars sur la Terre. Voici comment ils ont pu arriver là.

Décollage
Un astéroïde entre en collision avec Mars. La force de l'impact creuse un cratère et projette des roches dans l'espace.

Voyage dans l'espace
Telle une rafale de mini-astéroïdes, les roches se retrouvent en orbite autour du Soleil pendant des millions d'années.

Atterrissage
Certaines tombent sur la Terre sous forme de météorites. L'une d'elles a atterri il y a des milliers d'années.

Découverte
En 1984, la scientifique Roberta Score a découvert cette météorite martienne dans les glaces de l'Antarctique.

Cérès, déesse romaine de l'Agriculture

NEAR, 1997

LES ASTÉROÏDES

Entre Mars et Jupiter se trouve une zone appelée la « ceinture d'astéroïdes », où se trouvent des dizaines de milliers d'astéroïdes très éloignés les uns des autres. Les astéroïdes sont des fragments de roche et de métal provenant sans doute des débuts du système solaire. La force d'attraction de Jupiter les aurait empêchés de s'agglomérer pour former une planète. Le plus gros d'entre eux, Cérès, fait à peu près la taille de la France, mais la plupart ont la dimension de nos montagnes.

Encore plus petits, des milliards de fragments d'astéroïdes ou de comètes parcourent aussi le système solaire. Certains ne sont pas plus gros que des grains de poussière. Des milliers d'entre eux heurtent chaque jour la Terre.

GROS PLAN
CHASSEUR D'ASTÉROÏDES

« C'était une nuit froide de décembre 1997, au télescope Spacewatch, en Arizona, raconte Jim Scotti (ci-dessous). J'étais seul dans le dôme quand un astéroïde très rapide est apparu sur l'écran de l'ordinateur. » Il venait de découvrir l'un des 200 astéroïdes Aten, connus pour s'approcher près de la Terre. « Ce n'était sans doute pas le premier, mais quelle émotion ! »

QUELLE MÉTÉORITE !
Il arrive que des fragments rocheux ayant résisté à la traversée de l'atmosphère atteignent la Terre. On parle alors de météorites. La plupart ont la taille d'un caillou, mais certaines sont plus imposantes. Découverte au Groenland en 1897, celle-ci (à gauche) est aussi grosse qu'un éléphanteau.

LES ÉTOILES FILANTES
Quand un fragment d'astéroïde s'approche trop près de la Terre, il s'enflamme au contact de l'atmosphère et provoque une brève traînée de lumière dans le ciel. C'est ce qu'on appelle une étoile filante. Les scientifiques préfèrent parler de météore pour décrire ce phénomène lumineux.

Deep Space 1, 1999

MUSES-C, 2003

Histoire de mots

L'astronome qui découvre un astéroïde choisit son nom. On trouve ainsi des noms de la mythologie grecque (Cérès, Pallas, Junon…), des noms d'astronomes célèbres, mais aussi des noms tels que John, Paul, George et Ringo (les Beatles) ou Mr Spock (d'après une série télévisée).

Incroyable !

- Si on assemblait tous les astéroïdes du système solaire, on obtiendrait une planète 3 fois plus petite que la Lune.
- Découverte en Namibie, la plus grosse météorite connue mesure 2,5 m de long et pèse 60 tonnes !

Zapping

- Quel type d'engin utilisera-t-on à l'avenir pour explorer des astéroïdes ? Réponse page 16.
- Comment faire pour voir une pluie de météores ? → page 44.

Les rochers géants de l'espace
La plupart des astéroïdes ressemblent sans doute à celui-ci, appelé Ida. La sonde Galileo, en route pour Jupiter, l'a photographié en 1993. Il mesure 53 km de long, soit à peu près la taille de la ville de New York, aux États-Unis. La sonde a découvert que Ida avait un petit satellite de 1,5 km de large environ. Ce dernier a été baptisé Dactyl, d'après le nom des créatures qui vivaient sur le mont Ida dans la mythologie grecque.

Au pays des astéroïdes
En 2003, l'engin spatial MUSES-C devrait approcher le petit astéroïde Nereus, dont la largeur ne dépasse pas 1,5 km. Le vaisseau emportera un véhicule dix fois plus léger que celui qui a exploré Mars. Cette mini-Jeep roulera sur l'astéroïde et prendra des photos en gros plan du sol et des rochers. Pendant ce temps, le vaisseau tirera des balles explosives sur l'astéroïde afin d'en collecter des fragments et de les rapporter sur la Terre pour les étudier.

Un choc terrible

Il y a 65 millions d'années, un astéroïde géant, ou une comète, de la taille d'une grande ville, est entré en collision avec la Terre à la hauteur du Mexique. Le résultat a été désastreux pour les dinosaures, mais certains reptiles, ainsi que des oiseaux et des mammifères, ont survécu à la catastrophe.

La collision
L'astéroïde heurte la Terre. Explosant avec la force de 100 millions de bombes atomiques, il creuse un cratère de 160 km de diamètre.

Un gigantesque incendie
Des vagues géantes recouvrent ce qui est devenu depuis les Caraïbes et l'Amérique du Nord. Les débris de l'explosion retombent en pluie sur la Terre, enflammant les forêts.

Une longue nuit
Pendant des mois, les rayons du Soleil sont arrêtés par une couche de cendres flottant dans l'air. De nombreuses plantes meurent, ainsi que les herbivores qui s'en nourrissent et leurs prédateurs. C'est la fin des dinosaures.

Jupiter, maître des dieux romains

Ganymède, enlevé par Jupiter transformé en aigle

JUPITER

Il serait difficile pour l'homme de se rendre sur Jupiter. D'abord parce que la plus grosse des planètes du système solaire est une boule de gaz (composée d'hydrogène et d'hélium, comme le Soleil) sur laquelle il est impossible de se poser. Ensuite, parce que le climat y est effroyable : des tempêtes de la taille d'un continent font rage et les vents soufflent à plus de 500 km/h.
En 1995, la sonde Galileo s'est mise en orbite autour de Jupiter. Elle a pris des centaines de photos des tempêtes, des satellites de Jupiter et de l'anneau de poussière qui l'encercle. Une capsule indépendante a même pénétré dans son atmosphère tourbillonnante.

PLONGÉE À HAUT RISQUE

Le 7 décembre 1995, la sonde atmosphérique Galileo, une capsule en forme de cône, plonge dans l'atmosphère de Jupiter à une vitesse 50 fois supérieure à celle d'une balle tirée au pistolet. Les puissants vents jupitériens la dévient de plusieurs centaines de kilomètres, tandis qu'elle s'enfonce dans les nuages d'ammoniac. Une heure durant, les instruments analysent l'air, jusqu'à ce que la terrible atmosphère de Jupiter écrase puis pulvérise la capsule.

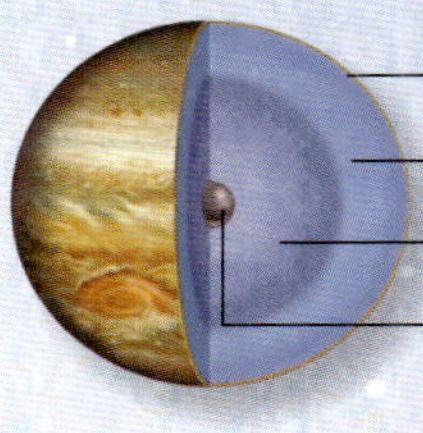

STRUCTURE DE JUPITER

QUAND UNE COMÈTE TOMBE…

En juillet 1994, 21 morceaux de la comète Shoemaker-Levy 9 sont tombés les uns après les autres sur Jupiter. Les télescopes du monde entier ont permis de voir de gigantesques taches noires – les explosions – s'élever au-dessus des nuages de la planète. Il a fallu des mois pour que celle-ci retrouve son aspect normal.

LES SATELLITES GÉANTS DE JUPITER

Avec sa puissante force d'attraction, Jupiter ne compte pas moins de 16 satellites : 12 ont la taille de petits astéroïdes, mais 4 sont plus gros que Pluton. Galilée les avait découverts en 1610. On les appelle toujours les satellites galiléens.

Diamètre : 3 630 km

IO, LA FIÉVREUSE

Io est couverte de volcans en éruption qui inondent sa surface de roches fondues et de soufre liquide. Quand le soufre refroidit, il se solidifie et forme une croûte colorée, rouge, orange et jaune. On dit parfois que Io ressemble à une pizza !

Diamètre : 3 140 km

Histoire de mots

Jupiter porte le nom du maître des dieux romains, et ses satellites portent celui de ses épouses sauf Ganymède. L'ensemble forme le système **jovien**, du latin *Jovis* (Jupiter).

Incroyable !

- La Grande Tache rouge de Jupiter est une tempête qui se déchaîne depuis 300 ans.
- Le satellite Métis file si vite autour de Jupiter qu'il traverserait l'Amérique du Nord en 2 minutes et demie.

Zapping

- Qui a découvert les quatre satellites géants de Jupiter ? Réponse page 10.
- Qu'espère-t-on découvrir dans la glace d'Europe ? → page 18.
- Qu'est devenue la comète Shoemaker-Levy 9 ? → page 45.

Jupiter, photographiée par Voyager 2

Un jeu de bandes et de taches

Jupiter est entourée de nuages : des nuages blancs d'ammoniac, des nuages bleus d'eau, des nuages brunâtres de composés de soufre. La vitesse de rotation élevée de la planète étire ces nuages en longues bandes autour d'elle. La Grande Tache rouge est un gigantesque ouragan qui pourrait contenir deux planètes comme la Terre. Les astronomes cherchent à comprendre comment il s'est formé.

La Grande Tache rouge, photographiée par la sonde Galileo

Au cœur des nuages

Imagine-toi en train de flotter entre deux couches de nuages de Jupiter, au milieu d'un arc-en-ciel de couleurs. Prise par la sonde Galileo et retraitée par ordinateur, cette photo te montre ce que tu verrais de ton vaisseau.

À toi de jouer

Repère les satellites

Commence par repérer Jupiter pour savoir dans quelle direction regarder. La planète est visible à l'œil nu, mais il te faut une paire de jumelles pour trouver ses quatre satellites principaux, qui sont de minuscules points lumineux. Comme les satellites tournent autour de Jupiter, tu constateras le lendemain qu'ils ont changé de position. Lorsque l'un d'eux passe derrière la planète, tu ne peux pas le voir du tout. Voici un exemple de relevés, d'un jour sur l'autre.

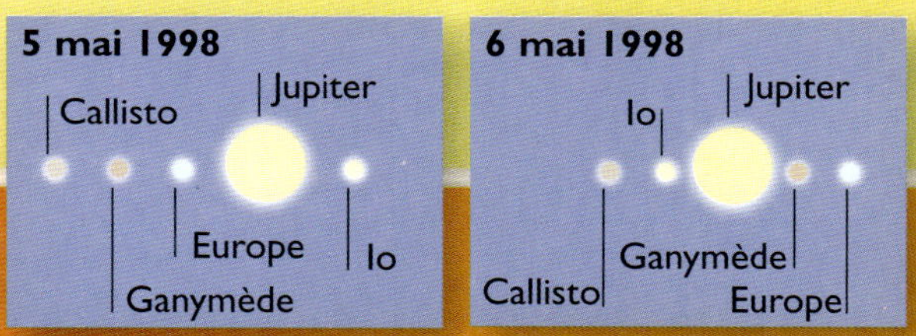

Europe, la glacée

Les sondes Voyager 1 et 2, puis Galileo, ont découvert qu'Europe était couverte d'une croûte de glace. Mais un océan d'eau sombre pourrait se trouver au-dessous : peut-être le seul du système solaire en dehors de la Terre.

Diamètre : 5 260 km

Ganymède, la géante

Ganymède est le plus gros satellite du système solaire (deux fois la taille de Pluton). On pourrait parler de planète si elle tournait autour du Soleil.

Callisto, la crevassée

Sa surface est criblée de cratères. À part quelques traces de collision avec des comètes, ce monde froid n'a quasiment pas changé depuis des milliards d'années.

Diamètre : 4 800 km

Saturne, dieu romain de la Moisson

Titan, géant grec

Saturne

Saturne est entourée de milliers d'anneaux. Si on les enlevait, cette planète ressemblerait à Jupiter, en plus petit. C'est une planète gazeuse géante qui tourne vite (un tour complet sur elle-même en 10 heures et 40 minutes).
Les nuages de Saturne sont moins colorés que ceux de Jupiter, sans doute parce que Saturne est plus éloignée du Soleil, et donc plus froide (la température oscille autour de – 135 °C).
Saturne a 18 satellites. Le plus gros, Titan, est le deuxième en taille du système solaire. C'est le seul qui possède une atmosphère épaisse, faite de nuages orangés. En 2004, le vaisseau spatial Cassini enverra une sonde se poser à sa surface.

GROS PLAN

La planète à oreilles

Nous sommes en 1656. Dans sa lunette, qui grossit 50 fois les objets, Christiaan Huygens constate que Saturne est entourée d'un anneau plat qui ne le touche nulle part ! La planète a déjà intrigué des astronomes comme Galilée, Fontana ou Riccioli. Mais, avec leurs lunettes peu puissantes, ils ont vu des « poignées » ou des « oreilles » de chaque côté de la planète ! Voici leurs croquis respectifs.

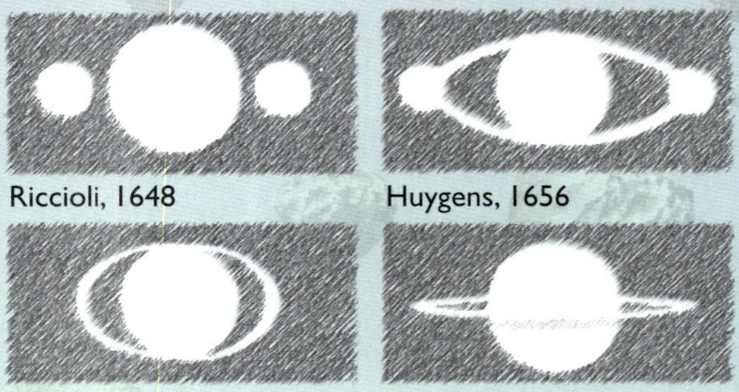

Structure de Saturne

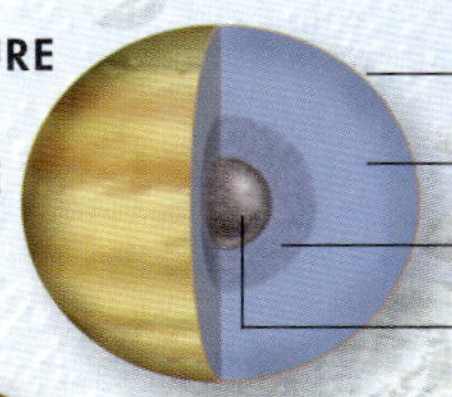

Une cicatrice géante
Mimas, un petit satellite intérieur de Saturne, présente un gigantesque cratère, souvenir d'une collision avec un objet céleste survenue il y a des millions d'années. Si cet objet avait été un peu plus gros, il aurait fait exploser le satellite. Comme Mimas, la plupart des satellites de Saturne portent des noms de Titans, une famille de divinités grecques nées du Ciel et de la Terre.

La structure des anneaux
Trois séries d'anneaux tournent autour de Saturne. L'anneau externe A est séparé de l'anneau B par une zone sombre appelée division de Cassini, du nom de l'astronome qui l'a découverte en 1675. L'anneau interne C est plus foncé : il contient moins de cristaux de glace et réfléchit donc peu la lumière solaire.

Autour de Saturne

Les anneaux de Saturne sont parmi les plus beaux objets du système solaire, mais aussi les plus mystérieux. Quand et comment se sont-ils formés ? Selon l'une des explications possibles, ils seraient apparus il y a quelques millions d'années seulement, à la suite d'une collision. Voici comment.

Deux mondes de glace se tamponnent
Une grosse comète ou un astéroïde heurte l'un des satellites de glace de Saturne.

Histoire de mots

Saturne est le père de Jupiter, qui l'a chassé du domaine des dieux. Il est associé à la froideur, à la tristesse et à la mélancolie. Son nom a donné l'adjectif **saturnien**, qui s'oppose à jovial, un mot formé à partir du latin *jovis*, comme Jupiter (voir page 37).

Incroyable !

- Les anneaux de Saturne ne sont pas plus épais qu'un immeuble de six étages.
- Saturne est si légère que, posée sur un immense océan, elle flotterait comme un bouchon !

Zapping

- Comment les scientifiques arriveront-ils à poser une sonde sur Titan ? Réponse page 17.
- À quoi pourrait ressembler un habitant de Titan ? → page 19.
- Quelles sont les autres planètes entourées d'anneaux ? → pages 36 et 40.

Au cœur du blizzard
Les anneaux de Saturne sont comme une tempête de neige géante. De loin ils paraissent solides, mais en fait ils sont composés de milliards de particules de neige et de glace grosses comme des grêlons. Si on pouvait les serrer tous ensemble, on obtiendrait une boule de neige de 100 km de diamètre, soit l'équivalent d'un petit satellite de Saturne.

Ils volent en éclats
Les deux corps explosent en une myriade de cristaux de glace, qui se mettent à tourner autour de la planète comme un essaim de minuscules satellites.

Les morceaux s'étalent
À force de se cogner les unes aux autres, les particules de glace deviennent de plus en plus fines. Avec le temps, elles s'écartent de la planète, formant un anneau tout autour.

Des satellites bergers
Les particules qui n'ont pas été broyées deviennent de petits satellites, gravitant au bord des anneaux. Tels des chiens de berger surveillant leur troupeau, ces satellites maintiennent les particules des anneaux en place par leur force d'attraction.

Uranus, dieu romain du Ciel

Neptune, dieu romain de la Mer

Uranus et Neptune

Les hommes ont longtemps cru que Saturne était la dernière planète du système solaire. En 1781, William Herschel a découvert une « curieuse nébuleuse » dans son télescope ; il a compris plus tard qu'il s'agissait d'une septième planète, Uranus. En 1846, Johann Galle et Heinrich d'Arrest ont repéré la huitième, Neptune. Uranus et Neptune se ressemblent. Quatre fois plus grosses que la Terre, elles sont entourées de minces anneaux sombres et recouvertes d'une épaisse couche de glace à demi fondue. Leur atmosphère, irrespirable, est composée de méthane, un gaz absorbant la lumière rouge et renvoyant les rayons bleus dans l'espace, ce qui explique l'aspect bleu-vert de ces deux planètes. Il existe aussi des différences, notamment atmosphériques : vents violents et tempêtes sur Neptune, calme relatif sur Uranus.

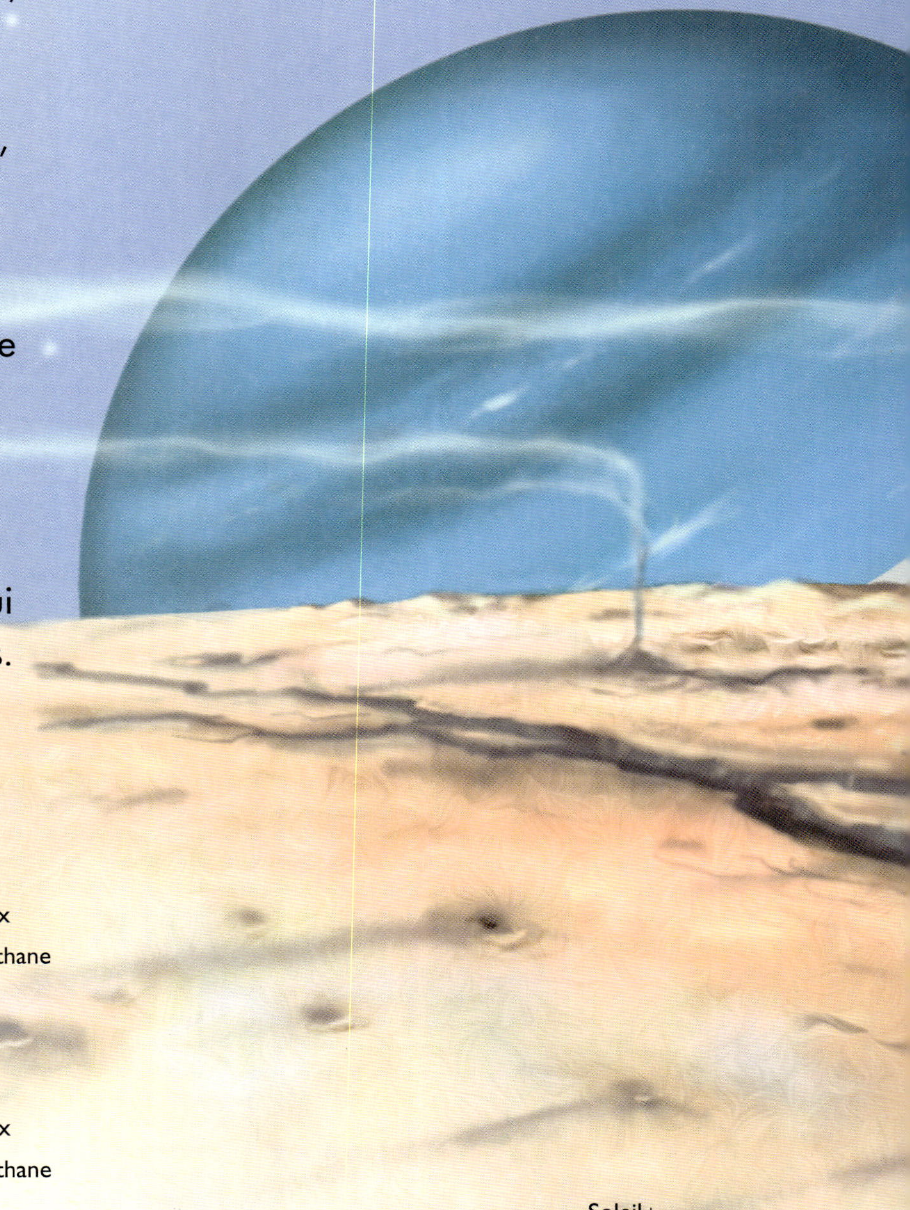

Neptune vue de Triton

Neptune et ses anneaux paraissent énormes dans le ciel de Triton, l'un de ses huit satellites. Avec des températures de – 235 °C, Triton est l'objet le plus froid du système solaire qui ait été exploré. Sa surface est parsemée de geysers crachant des jets sombres d'azote glacé.

Structure d'Uranus

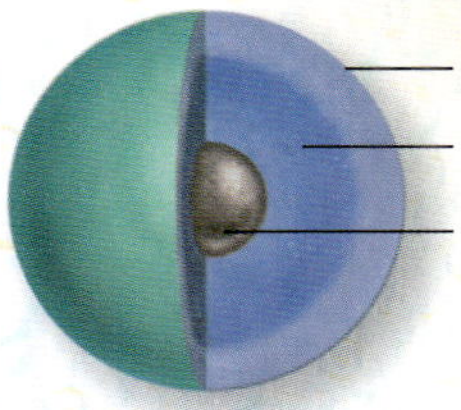

Structure de Neptune

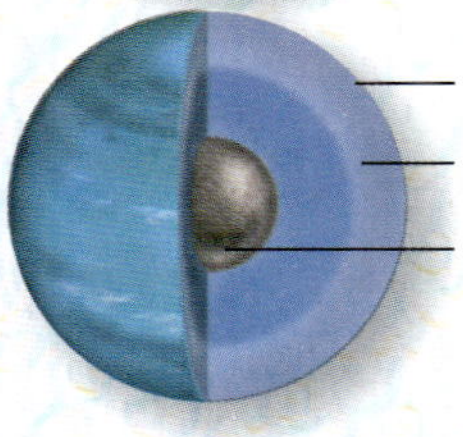

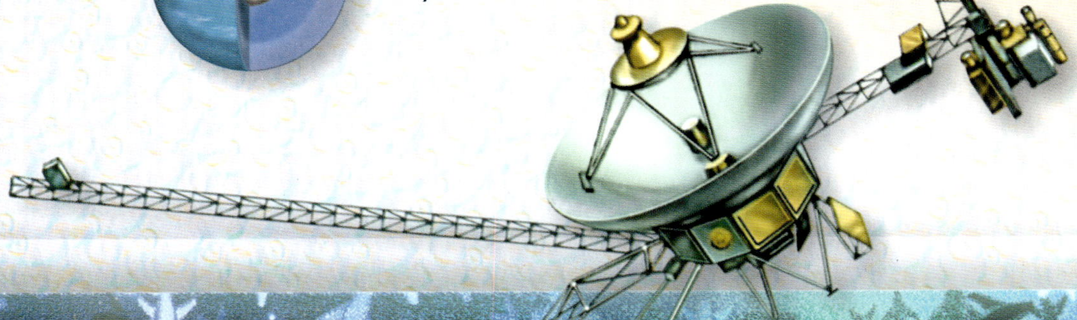

Voyage interplanétaire

Tout ce que nous savons, ou presque, des quatre planètes gazeuses du système solaire (Jupiter, Saturne, Uranus et Neptune) nous vient des sondes Voyager de la NASA, parties de la Terre en 1977.

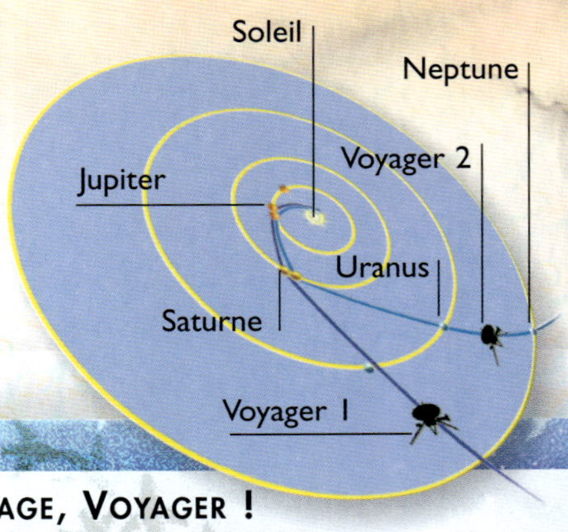

Bon voyage, Voyager !

Voyager 1 a observé Jupiter et Saturne, puis, une fois sa mission accomplie, a quitté le système solaire. Voyager 2, elle, devait faire le tour des quatre planètes gazeuses. Elle a ainsi approché Uranus en 1986 et Neptune en 1989.

Histoire de mots

En 1997, deux nouveaux satellites d'Uranus ont été repérés. Ils ont été baptisés **Sycorax** et **Caliban**, du nom de deux personnages de *la Tempête*, une pièce de théâtre de William Shakespeare. La plupart des satellites d'Uranus portent des noms tirés de pièces de cet auteur.

Incroyable !

- Triton, un satellite de Neptune, tourne autour dans le sens inverse de celui de la planète.
- Neptune tourne autour du Soleil en 164 années terrestres : un être humain n'y atteindrait jamais l'âge de 1 an.

Zapping

- De quelle façon les sondes Voyager se déplaçaient-elles entre les planètes ? Réponse page 16.
- D'après les calculs des astronomes, quelle est la dernière planète du système solaire ? → page 42.

Uranus, la planète inclinée
Comparée aux autres planètes, Uranus paraît penchée sur le côté. La plupart du temps, l'un de ses pôles pointe vers le Soleil tandis que ses anneaux lui font face. Cette position étrange pourrait résulter d'un choc violent avec un astéroïde qui aurait fait basculer la planète il y a des milliards d'années.

Diamètre : 50 826 km

La belle Miranda
En 1986, Voyager 2 a photographié Uranus et quelques-uns de ses 17 satellites. L'étrange Miranda (ci-contre) paraît avoir explosé à la suite d'une collision, puis s'être reconstituée sous l'effet de la gravité dans un enchevêtrement de blocs de glace.

Diamètre : 120 km

GROS PLAN

Les anneaux d'Uranus

Nous sommes à bord de l'observatoire volant Kuiper. En ce 10 mars 1977, le télescope embarqué à bord est braqué sur Uranus. Une étoile va disparaître derrière la planète. « J'ai quelque chose à l'écran ! », s'écrie un astronome. « Moi aussi ! », confirme un autre. En effet, quelque chose fait clignoter l'étoile au moment où elle passe derrière Uranus.
« Il n'y a pas de nuages, pourtant, s'étonne quelqu'un. C'est peut-être un anneau… Mais oui, et là, encore un autre ! » L'équipe vient de découvrir les anneaux d'Uranus. On ne connaissait alors que ceux de Saturne.

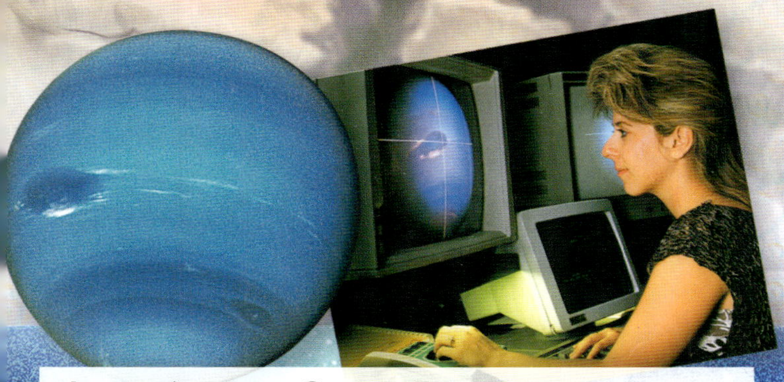

Le mystère de la Grande Tache noire
Voyager 2 a photographié la Grande Tache noire, une tempête sur Neptune d'une surface aussi vaste que la Terre. Les chercheurs l'ont suivie pendant des jours. Cinq ans plus tard, quand ils ont braqué le télescope Hubble dessus pour la revoir, elle avait disparu.

Messages de la planète Terre
Les deux sondes Voyager sont en route pour les étoiles. Au cas où des extraterrestres les découvriraient, elles transportent chacune un message de bienvenue sur un disque. La couverture montre notre position dans la Galaxie.

Pluton… et au-delà

Pluton est la plus petite des planètes du système solaire, la plus éloignée aussi. Dans son ciel noir, le Soleil ne brille pas plus qu'une simple étoile. Charon, son satellite, a un diamètre de 1 200 km, soit la moitié de celui de Pluton : vu de la planète, il paraît plus gros que le Soleil. Des vents glacés agitent l'atmosphère de Pluton. Le paysage est clair sur les zones gelées, où la température atteint – 238 °C, et foncé sur les zones de roches.

D'après les calculs des astronomes, Pluton est la dernière planète du système solaire. En revanche, des milliers de comètes glacées parcourent l'espace au-delà de Pluton, dans une région appelée « ceinture de Kuiper ». Et si Pluton était le plus gros objet de cette ceinture et non la plus petite planète du système solaire ?

Structure de Pluton

Salut, Pluto !
Le chien de Mickey est appar pour la première fois en 1930 dans un dessin animé. Walt Disney l'a baptisé Pluto, qui est le nom de Pluton en anglais, car la planète venait d'être découverte.

GROS PLAN

La planète X

Clyde Tombaugh a découvert Pluton le 18 février 1930, à 16 heures. Il recherchait la neuvième planète du système solaire, baptisée planète X, pour le compte de l'observatoire de Lowell. Il photographiait le ciel tous les soirs, puis comparait les clichés le jour. « Soudain, j'ai remarqué un point brillant faiblement, raconte-t-il. Un frisson m'a parcouru de la tête aux pieds. J'ai pensé à noter l'heure. Puis je me suis rendu dans le bureau de mon directeur en faisant de mon mieux pour contenir ma joie : "Dr Slipher, je crois que j'ai trouvé votre planète X" », lui ai-je dit.

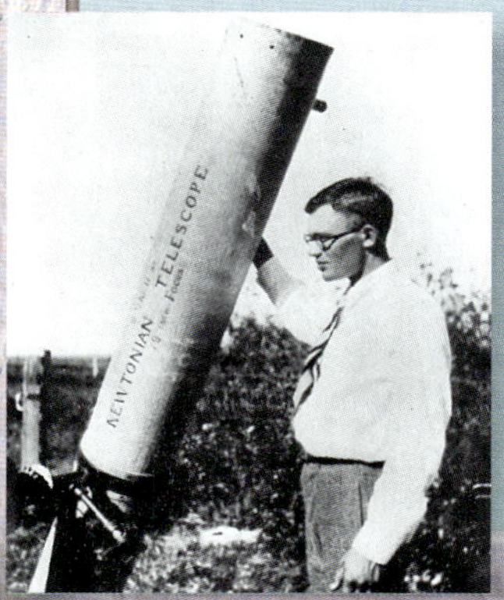

Une image encore floue
Pris par le télescope Hubble, le meilleur cliché dont on dispose montre de vagues traces noires et des calottes polaires plus brillantes. Il faudra attendre les photos de la sonde Pluton-Kuiper Express, en 2013, pour en savoir plus.

Histoire de mots

En 1930, c'est une Anglaise de 11 ans qui suggéra d'appeler la nouvelle planète **Pluton**, comme le dieu grec des Enfers. Découvert en 1978, son satellite fut baptisé **Charon**, comme le passeur qui fait traverser le fleuve des Enfers aux âmes des morts.

Incroyable !

- Sur Pluton, le jour (durée d'une rotation de la planète sur elle-même) est égal au mois (durée d'une orbite de Charon autour d'elle) : 6 jours et 9 heures terrestres.
- Les signaux envoyés par la sonde Pluton-Kuiper Express nous parviendront en 6 heures.

Zapping

- Toutes les planètes de notre galaxie ont-elles été visitées ? Réponse page 16.
- Qu'est-ce qu'une sonde spatiale ? → pages 16-17.
- Quelle est la taille de Pluton, comparée à celle du Soleil ? → page 23.
- Qu'y a-t-il au-delà de la ceinture de Kuiper ? → page 44.

Objectif : la dernière planète
Aucun engin spatial n'a encore visité Pluton. Mais en 2013, si tout se passe bien, après un voyage de 10 années, une première sonde Pluton-Kuiper Express survolera la planète (la boule rougeâtre ci-contre) et son satellite (en gris, ci-dessous). Une deuxième sonde devrait être lancée 6 mois plus tard. Avant de poursuivre leur voyage vers la ceinture de Kuiper, les deux engins essaieront chacun de larguer un module à la surface de Pluton.

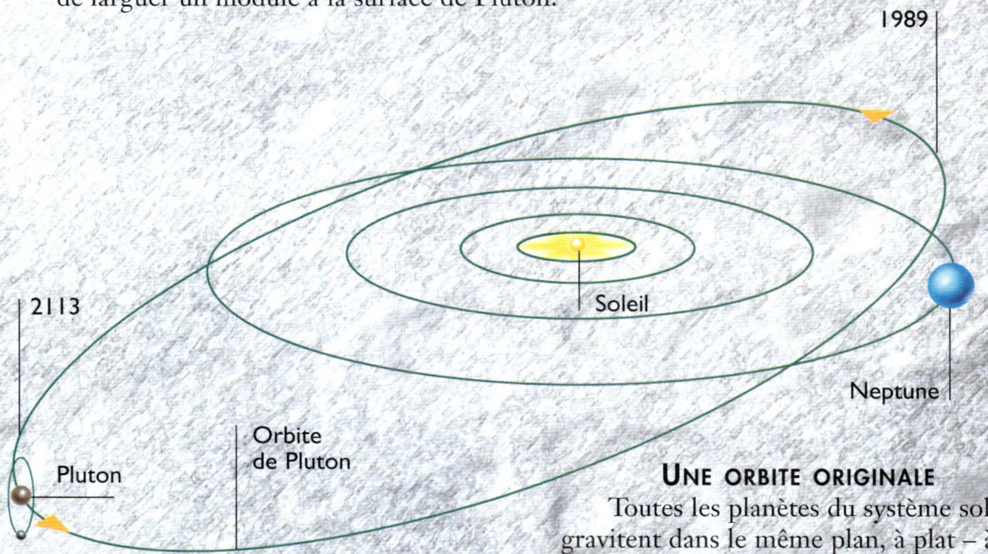

Une orbite originale
Toutes les planètes du système solaire gravitent dans le même plan, à plat – à l'exception de Pluton, dont l'orbite ovale est inclinée. Au cours des 248 années que dure son voyage autour du Soleil, Pluton est la planète la plus éloignée de lui sauf quand son orbite croise celle de Neptune (ce fut le cas de 1979 à 1999) : c'est alors Neptune qui est le plus loin du Soleil. Vers 2113, c'est Pluton qui sera le plus éloignée du Soleil, à 7,3 milliards de kilomètres.

Des sondes-bolides

Les sondes qui ont survolé Jupiter, Saturne, Uranus et Neptune avaient la taille de camions. Pour Pluton, les techniciens ont conçu deux sondes (les Pluton-Kuiper Express) petites et légères, de sorte que les fusées de lancement les catapultent très vite.

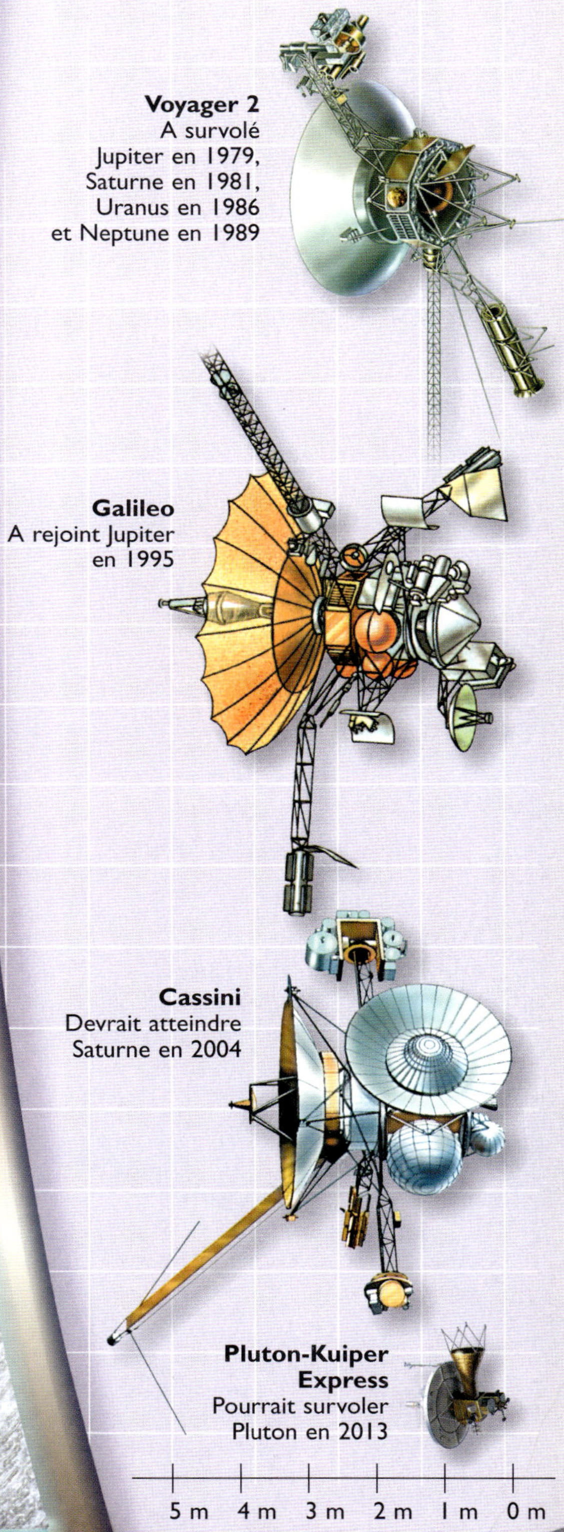

Giotto, 1986

Deep Space 4, 2005

Rosetta, 2011

Les comètes

Certaines comètes sont situées dans la ceinture de Kuiper, juste après Pluton, tandis que d'autres se trouvent plus loin, dans le nuage de Oort. Parfois, après une collision par exemple, une comète se rapproche du Soleil. Elle se vaporise alors, et des jets de gaz et de poussière jaillissent de son noyau gelé en formant deux longues queues. Si la plupart des comètes mettent des milliers d'années à faire le tour du Soleil, quelques-unes, plus proches, reviennent au rythme de quelques dizaines d'années.
La sonde Giotto a survolé la comète de Halley en 1986. De 2003 à 2005, la sonde Contour en visitera trois puis, en 2006, Stardust rapportera sur la Terre des poussières de la comète Wild 2. En 2011, Rosetta larguera un module d'atterrissage sur le noyau de Wirtanen.

À toi de jouer
Une pluie de météores

Ce phénomène se produit quand la Terre traverse la queue d'une comète. Voici les plus spectaculaires : les Perséides, le 12 août ; les Orionides, le 22 octobre ; les Léonides, le 17 novembre ; les Géminides, le 14 décembre.
Installe-toi dans une chaise longue, dans un endroit aussi noir que possible. Par une nuit sans lune, on peut voir de 20 à 50 météores, ou étoiles filantes, à l'heure. Toutes paraissent jaillir d'un point du ciel : elles portent le nom de la constellation qui abrite ce point.

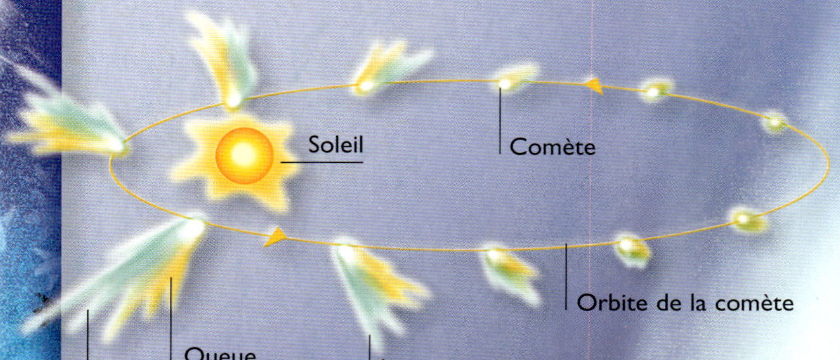

La queue des comètes
Habituellement, les comètes ont deux queues, composée l'une de poussières et l'autre de gaz. Ces queues s'étendent sur des millions de kilomètres ; elles sont repoussées à l'opposé du Soleil par la pression du rayonnement solaire et par un flux de particules, le vent solaire.

Les comètes les plus célèbres

Halley
La comète de Halley apparaît tous les 75 ou 76 ans dans notre ciel, lorsqu'elle revient près du Soleil. Son dernier passage remonte à 1986. Elle reviendra en 2061.

Hyakutake
En mars 1996, une comète inconnue auparavant est passée à 14,5 millions de kilomètres « seulement » de la Terre. Sa queue légère comme du tulle s'est étirée sur la moitié du ciel.

Histoire de mots

Alors que Alan Hale et Thomas Bopp observaient le ciel à des kilomètres l'un de l'autre, ils découvrirent la même comète au cours de la même nuit. Cette dernière porte donc leurs deux noms, c'est la comète **Hale-Bopp**.

Incroyable !

- Des tonnes de poussière de comète tombent chaque jour sur la Terre.
- La queue de la Grande Comète de 1843 s'étirait du Soleil jusqu'à l'orbite de Mars.
- L'année où la comète Hale-Bopp était le plus près du Soleil, elle éjectait 9 tonnes d'eau par seconde.

Zapping

- Comment se sont formés les cratères de la Lune ? Réponse page 27.
- Comment une comète pourrait-elle être à l'origine de l'extinction des dinosaures ? → page 35.
- Qu'a-t-on pu voir lorsque des morceaux de la comète Shoemaker-Levy 9 se sont écrasés sur Jupiter ? → page 36.

Ménage dans l'espace
Si tout se passe comme prévu, la sonde Stardust (« poussière d'étoile », en anglais) traversera la tête de la comète Wild 2 en janvier 2004. Un disque de matière spongieuse, l'aérogel, sortira alors de la sonde pour capturer des grains de poussière jaillissant de la comète. En janvier 2006, la sonde repassera près de la Terre et lâchera une capsule contenant la précieuse poussière au-dessus d'un désert de l'Utah, aux États-Unis, où des chercheurs l'attendront.

Mauvais augure
Les hommes pensaient autrefois que les comètes annonçaient une catastrophe. Vieille de 900 ans, la tapisserie de Bayeux témoigne du passage de la comète de Halley en 1066, avant la guerre entre l'Angleterre et les Normands. L'inscription latine signifie : « Ils sont effrayés par l'étoile. »

GROS PLAN

Chercheuse de comète

L'Américaine Carolyn Shoemaker est l'astronome qui a découvert le plus de comètes, en inspectant des photos prises au télescope. Sa première découverte remonte à 1983. Aujourd'hui, malgré un palmarès de 32 comètes, elle est toujours aussi émue : « J'essaie de me contrôler, de vérifier d'abord que la comète n'est pas déjà connue. Mais, dès que j'en vois une, mon cœur fait un bond dans ma poitrine. »

Shoemaker-Levy 9
En 1992, cette comète s'est trop approchée du champ d'attraction de Jupiter et a explosé en 21 morceaux. Deux ans après, les morceaux ont percuté la planète, où ils ont laissé des taches.

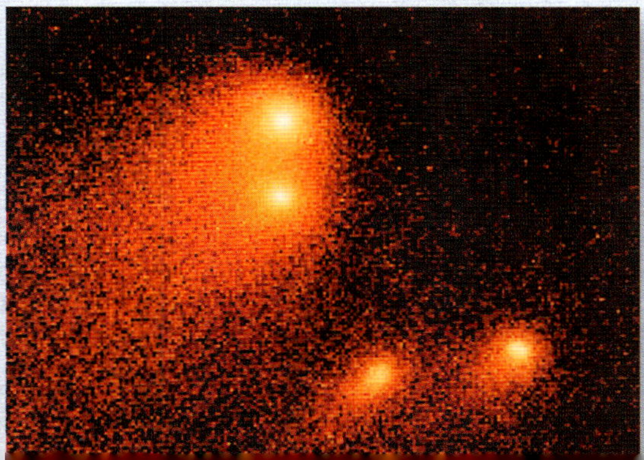

Hale-Bopp
Très brillante, cette comète a été visible à l'œil nu dans le ciel de l'hémisphère Nord en mars et en avril 1997. Sur cette photo, on voit bien la queue de gaz bleue et la queue de poussières blanc crème.

L'UNIVERS

Au-delà du système solaire s'étend l'immense Univers. Au fil des pages, tu vas apprendre à connaître les étoiles, observer leurs transformations, chercher celles qui possèdent leur propre famille de planètes. Puis tu entreras dans une nébuleuse, qui est un immense nuage de gaz et de poussière, où tu assisteras à la naissance d'une nouvelle étoile.

Tu pourras également admirer les bras en spirale de notre galaxie, la Voie lactée, puis, en franchissant un nouveau pas, découvrir de nouvelles galaxies – il y en a peut-être 50 milliards dans l'Univers. Mais, attention : elles contiennent des trous noirs géants qui pourraient t'aspirer.

Ton voyage fantastique se terminera à l'aube du temps, où tu assisteras à la formation de l'Univers.

page 48

Qui voit un crocodile dans le ciel ?

Comment appelle-t-on cet ensemble d'étoiles ?

Cap sur
LES CONSTELLATIONS

page 50

Comment naît une étoile ?

Comment les astronomes repèrent-ils les planètes ?

Cap sur
LES ÉTOILES

page 52

Pourquoi les étoiles explosent-elles ?

Pourquoi l'éclat de certaines étoiles est-il changeant ?

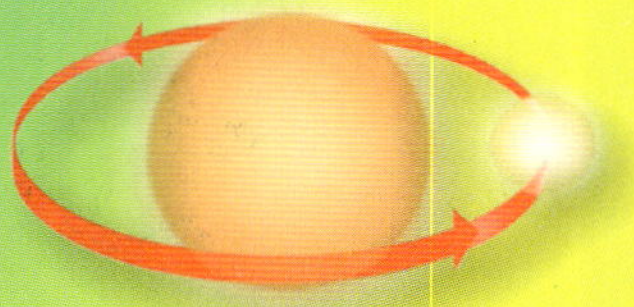

Cap sur
LES ÉTOILES VARIABLES

page **54** Que se passe-t-il à l'intérieur de cette colonne de gaz ?

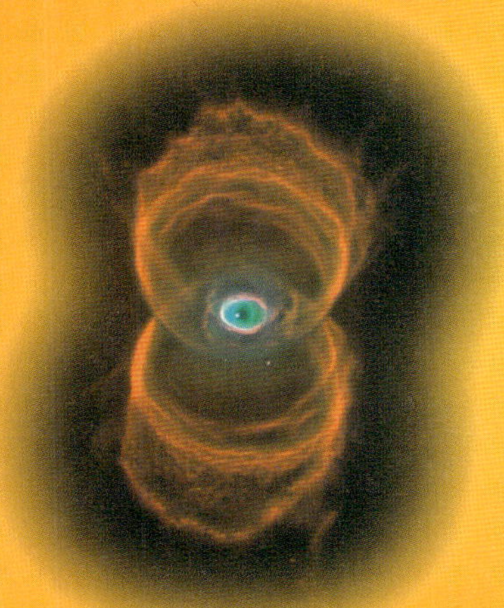

Comment ces anneaux de gaz se sont-ils formés ?

Cap sur
LES NÉBULEUSES

page **56** Quand la Voie lactée ressemble-t-elle à une soucoupe volante ?

Comment appelle-t-on cette sorte de galaxie ?

Cap sur
NOTRE GALAXIE

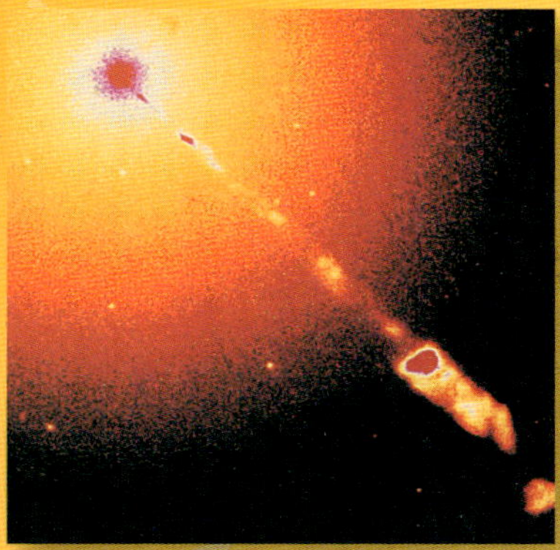

page **58** Qu'est-ce qui jaillit de cette galaxie ?

Que se passerait-il si tu tombais dans un trou noir ?

Cap sur
LES GALAXIES ET LES TROUS NOIRS

page **60** Comment l'Univers s'est-il formé ?

Quel est son destin ?

Cap sur
L'UNIVERS EN EXPANSION

La constellation d'Orion | Tsan, le guerrier chinois | Le canoë maori | Osiris, dieu égyptien de la Lumière | Le crocodile géant des Indiens d'Amazonie

Les constellations

Une constellation est un groupe d'étoiles qui, vues de la Terre, paraissent proches les unes des autres alors qu'elles sont souvent séparées par plusieurs années-lumière. En les réunissant point par point, les hommes ont cru distinguer dans le ciel des formes d'animaux, de héros ou de dieux. Ainsi, Orion est un chasseur chez les Grecs, le dieu Osiris chez les Égyptiens, le guerrier Tsan chez les Chinois, un crocodile dans une tribu d'Amazonie et un canoë chez les Maoris de Nouvelle-Zélande.
Les constellations (88 au total) ont permis aux hommes de naviguer sans se perdre et de créer des calendriers. Tu ne peux pas les voir toutes à la fois : cela dépend du lieu, de l'heure et de la position de la Terre autour du Soleil.

Carte du ciel, hémisphère Nord

Si tu vis dans la moitié nord de la Terre – dans des régions situées en Europe, aux États-Unis, au Canada ou au Japon –, voici les étoiles qui peuvent briller dans le ciel au-dessus de toi, selon l'époque de l'année. Mets-toi face au sud et tourne la carte de façon à placer le mois en cours en bas. Les étoiles que tu peux voir dans le ciel occupent la moitié inférieure de la carte. Celles qui apparaissent à l'horizon sont représentées sur les bords. Celles qui sont juste au-dessus de toi, ou derrière, se trouvent au milieu de la carte.

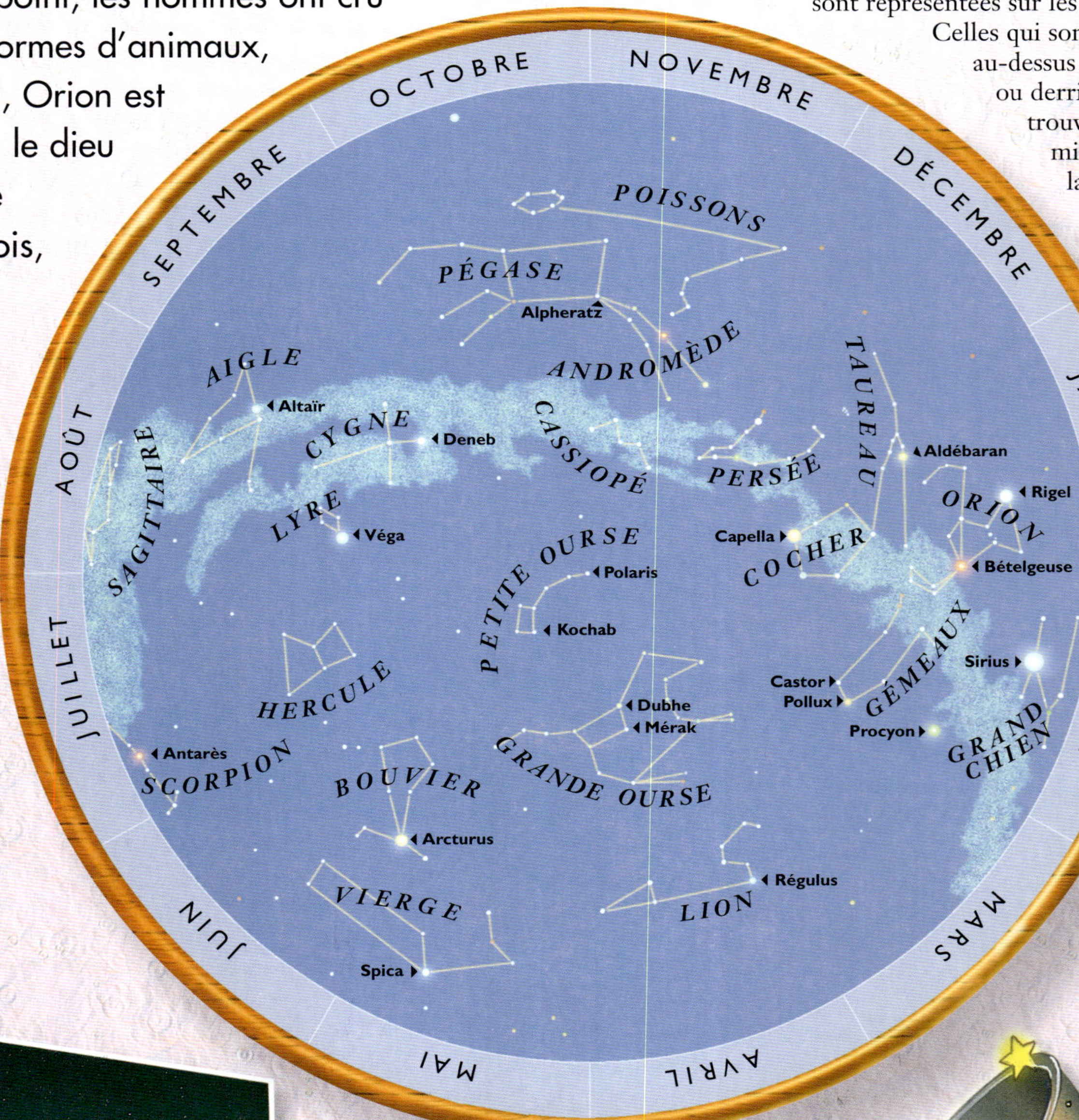

Orion fait son entrée

Orion apparaît en janvier dans le ciel de l'hémisphère Nord (à gauche). Les trois étoiles de sa ceinture pointent vers Sirius (dans les arbres), la plus brillante des étoiles.

Orion le chasseur

Dans la mythologie grecque, Orion, fils de Neptune, était un grand chasseur. Il se vanta un jour de pouvoir tuer tous les animaux du monde. Gaïa, déesse de la Terre, envoya aussitôt un scorpion pour le tuer.

Le Grand Chariot

Il s'agit d'un groupe de sept étoiles, encore appelé Grande Ourse *(Ursa major)*. Certains y voient une casserole ; d'autres, un chariot tiré par trois chevaux.

Histoire de mots

Au cours de l'année, le Soleil paraît traverser 12 constellations qui forment le **zodiaque**, du grec *zodiakos*, signifiant « être vivant, figure ». Sept constellations représentent des animaux, quatre des figures humaines. Seule la Balance ne désigne pas un être vivant.

Incroyable !

• Par une nuit sans lune et sans nuages, tu pourrais voir plus de 2 000 étoiles à l'œil nu.

• La plupart des constellations sont très anciennes. D'après les dessins qu'ils ont laissés, on sait que les Sumériens voyaient à peu près la même chose que nous dans le ciel, il y a 5 000 ans.

Zapping

• Faut-il un télescope pour voir les constellations ? Réponse page 10.

• Comment naissent et meurent les étoiles ? → page 50.

• Que voit-on dans la constellation d'Orion ? → page 55.

• À quelle galaxie appartiennent les constellations ? → page 56.

Carte du ciel, hémisphère Sud

Voici l'aspect du ciel au-dessus de la moitié sud de la Terre, tel qu'on le voit en Australie, en Nouvelle-Zélande, en Amérique du Sud ou en Afrique du Sud. Mets-toi face au nord et tourne la carte de façon à placer le mois en cours en bas. Les étoiles qui apparaissent à l'horizon sont représentées sur les bords. Celles qui sont juste au-dessus de toi, ou derrière, se trouvent au milieu.

À toi de jouer

Repère les étoiles

Le ciel te paraît peut-être encombré d'étoiles. Concentre-toi sur les étoiles les plus brillantes pour retrouver celles qui sont présentées sur les cartes ci-contre. Tu peux aussi utiliser un planisphère mobile, c'est-à-dire une carte ronde avec un disque que tu fais tourner selon la date et l'heure de l'observation. Il existe également des atlas consacrés aux étoiles ainsi que des logiciels permettant d'imprimer une carte du ciel selon la date et l'heure indiquées.

N'oublie pas de t'habiller chaudement, éloigne-toi des sources de lumière et couvre ta lampe de poche avec une feuille de Cellophane rouge.

Le Lion

Depuis l'Antiquité, les hommes voient un lion dans cette constellation. Les six étoiles de droite forment sa tête, les trois de gauche figurent sa queue. C'est l'une des 12 constellations du zodiaque.

Le Scorpion

Selon la mythologie grecque, il s'agit du scorpion qui a tué Orion. Les deux ennemis se trouvent chacun à un bout du ciel : quand l'un se lève, l'autre se couche. Le Scorpion fait également partie du zodiaque.

Les étoiles

Pendant la journée, on ne peut voir qu'une étoile, le Soleil. Mais, la nuit, des centaines d'autres étoiles apparaissent. Ce sont des boules de gaz brûlant, comme le Soleil, si lointaines qu'on ne voit d'elles qu'un petit point lumineux.

Leur couleur, leur température et leur taille varient. Le Soleil a une taille moyenne. Si c'était un ballon, les étoiles géantes seraient une ville et les étoiles naines des petits pois.

Certaines étoiles voyagent seules dans l'espace, entourées ou non de planètes, mais la plupart sont des étoiles multiples, composées de plusieurs éléments évoluant ensemble. Si tu vivais sur une planète liée à une étoile multiple, tu verrais plusieurs soleils dans le ciel.

Les autres systèmes solaires

Les astronomes pensent qu'il existe d'autres systèmes solaires ressemblant au nôtre, avec de petites planètes rocheuses près d'une étoile centrale et des géantes gazeuses plus loin. Ils ont découvert depuis 1995 des planètes géantes, du type de Jupiter, tournant autour de leur « soleil » aussi près que Mercure du nôtre. Ces drôles de systèmes cachent-ils aussi de plus petites planètes ? Les scientifiques ne le savent pas encore.

À TOI DE JOUER

Le scintillement des étoiles

Découvre pourquoi les étoiles scintillent dans le ciel :

1. Froisse quelques petits morceaux d'aluminium, pour faire les étoiles. Dispose-les sur un fond de carton noir.
2. Remplis d'eau aux trois quarts un saladier transparent. Pose-le sur tes étoiles d'aluminium.
3. Ferme les volets, éteins la lumière. Dirige une lampe de poche sur le saladier.
4. Tapote le saladier sur le côté, plusieurs fois. L'eau se met à bouger, l'image des étoiles se brouille.

De la même manière, la lumière des étoiles est brouillée en traversant notre atmosphère agitée. Si tu te trouvais au-delà de l'atmosphère, tu verrais les étoiles briller fixement.

Vie et mort d'une étoile

Les étoiles naissent, vivent quelques milliards d'années, puis meurent. Au cours de leur vie, elles changent de taille et de température, selon leurs réserves d'hydrogène. Voici le cycle de vie d'une étoile moyenne comme le Soleil.

Une nébuleuse s'effondre
Un nuage de gaz et de poussière (nébuleuse) commence à s'effondrer sur lui-même. Sous l'effet de la gravité et de la pression, son centre s'échauffe.

Une étoile naît
Le centre de la nébuleuse devient si chaud que l'hydrogène se transforme en hélium, libérant de l'énergie sous forme de chaleur et de lumière : l'étoile se met à briller.

Elle vit sa vie.
Pendant des milliards d'année l'étoile est stable. Elle continue à produire de l'énergie, sous forme de rayonnement.

Histoire de mots

• Certaines étoiles ont des noms d'origine grecque, comme **Arcturus**, de *arktos*, « ours », ou **Sirius**, de *seirios*, « brillant ».
• D'autres ont des noms d'origine arabe, comme **Bételgeuse**, de *yad al-jauza*, signifiant « la main du géant », ou **Rigel**, de *rijl*, « le pied ».

Incroyable !

• Il faudrait 850 000 ans à une navette spatiale pour atteindre l'étoile la plus proche.
• Une cuillerée à café de matière de naine blanche pèserait aussi lourd sur Terre qu'un camion.

Zapping

• En quoi le Soleil est-il pour nous différent des autres étoiles ? Réponse page 28.
• De quelle façon peut-on reconnaître les étoiles dans le ciel ? → pages 48-49.
• Pour quelle raison les étoiles explosent-elles à la fin de leur vie ? → page 52.
• Qu'est-ce qu'une nébuleuse ? → pages 54-55.

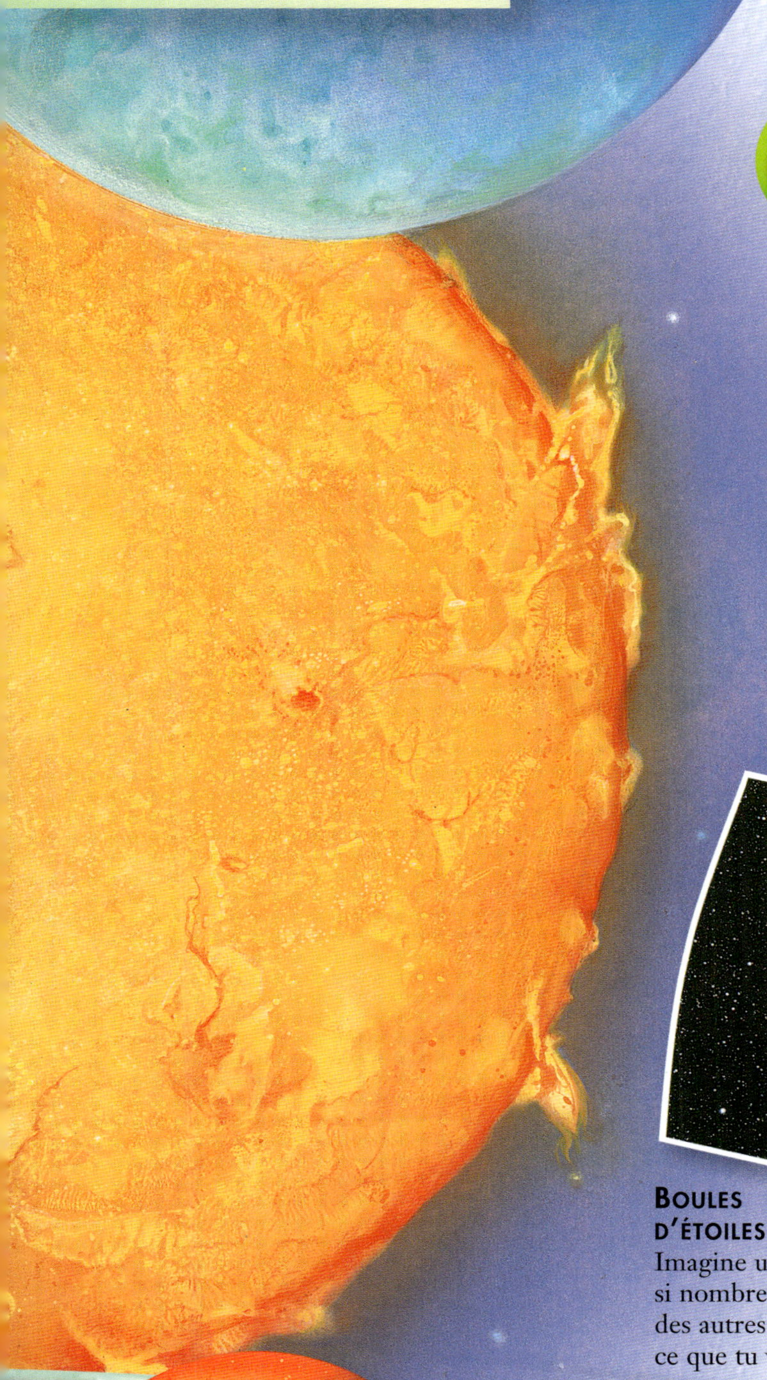

GROS PLAN

Chasseurs de planètes

Comment découvre-t-on une planète ? « De la même façon qu'un chien en laisse fait tourner son maître sur lui-même, une planète peut faire bouger son étoile », expliquent Paul Butler et Geoff Marcy. Ces astronomes ont été parmi les premiers à découvrir des planètes autour d'étoiles autres que le Soleil, à partir de modifications infimes de leurs mouvements dues à l'attraction de planètes du type de Jupiter. Ils recherchent actuellement des planètes ressemblant à la Terre, autour de 800 étoiles proches, semblables au Soleil. « Dans quatre ou cinq ans, on saura si le système solaire est unique ou non. »

Boules d'étoiles serrées
Imagine un ciel où les étoiles sont si nombreuses et si proches les unes des autres qu'il en est tout blanc. C'est ce que tu verrais au cœur d'un amas globulaire de notre galaxie.

Étoiles dispersées
Les Pléiades (ou Sept Sœurs) n'ont que 50 millions d'années. C'est l'un des centaines d'amas stellaires ouverts, ou groupes d'étoiles dispersées, qui parsèment les bras en spirale de notre galaxie.

... puis grossit...
Quand ses réserves d'hydrogène s'épuisent, l'étoile gonfle comme un ballon et devient une géante rouge.

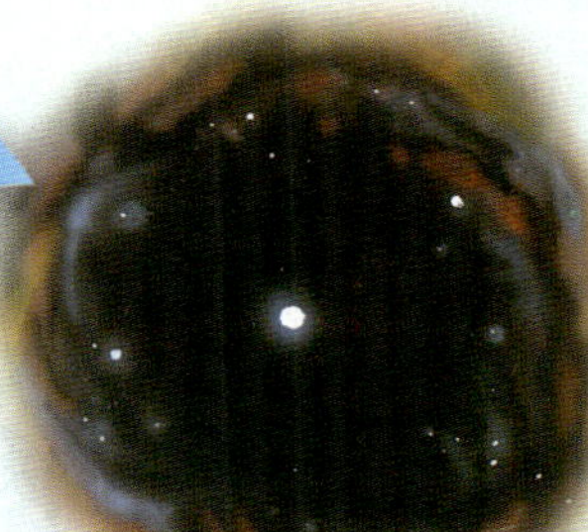

... libère des gaz...
Désormais instable, l'étoile vieillissante expulse ses couches de gaz externes, lors d'une série d'explosions. Les gaz forment autour d'elle un nuage coloré appelé nébuleuse planétaire.

... et s'éteint
Ce qui reste de l'étoile s'effondre et devient une naine blanche, qui brillera encore des milliards d'années.

Terre

Naine blanche, un peu plus petite que la Terre

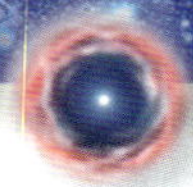
Étoile à neutrons, beaucoup plus petite que la Terre

Les étoiles variables

L'éclat de certaines étoiles, appelées variables pulsantes, varie parce qu'elles changent de taille régulièrement. Il existe aussi des étoiles doubles si rapprochées que l'une des deux, appelée nova, absorbe les gaz de l'autre jusqu'à subir une explosion. Les étoiles beaucoup plus massives que le Soleil ne vivent que quelques millions d'années.
Quand leur combustible est épuisé, une explosion gigantesque les détruit entièrement. On les appelle alors supernovae. Le noyau restant devient une étoile à neutrons (boule extrêmement dense et tournant très vite) ou s'effondre en formant un trou noir : un objet infiniment dense aspirant tout ce qui passe à sa portée, y compris la lumière.

Attention ! Cette étoile va exploser !
Êta de la Carène arrive à la fin de sa vie. En 1841, cette géante a donné naissance à deux boules de gaz en forme de champignon, qui n'ont cessé de grossir depuis. On les voit ici sur une photo prise par le télescope Hubble en 1993. D'ici à quelques milliers d'années, cette étoile explosera en supernova. Elle sera alors aussi brillante que Vénus.

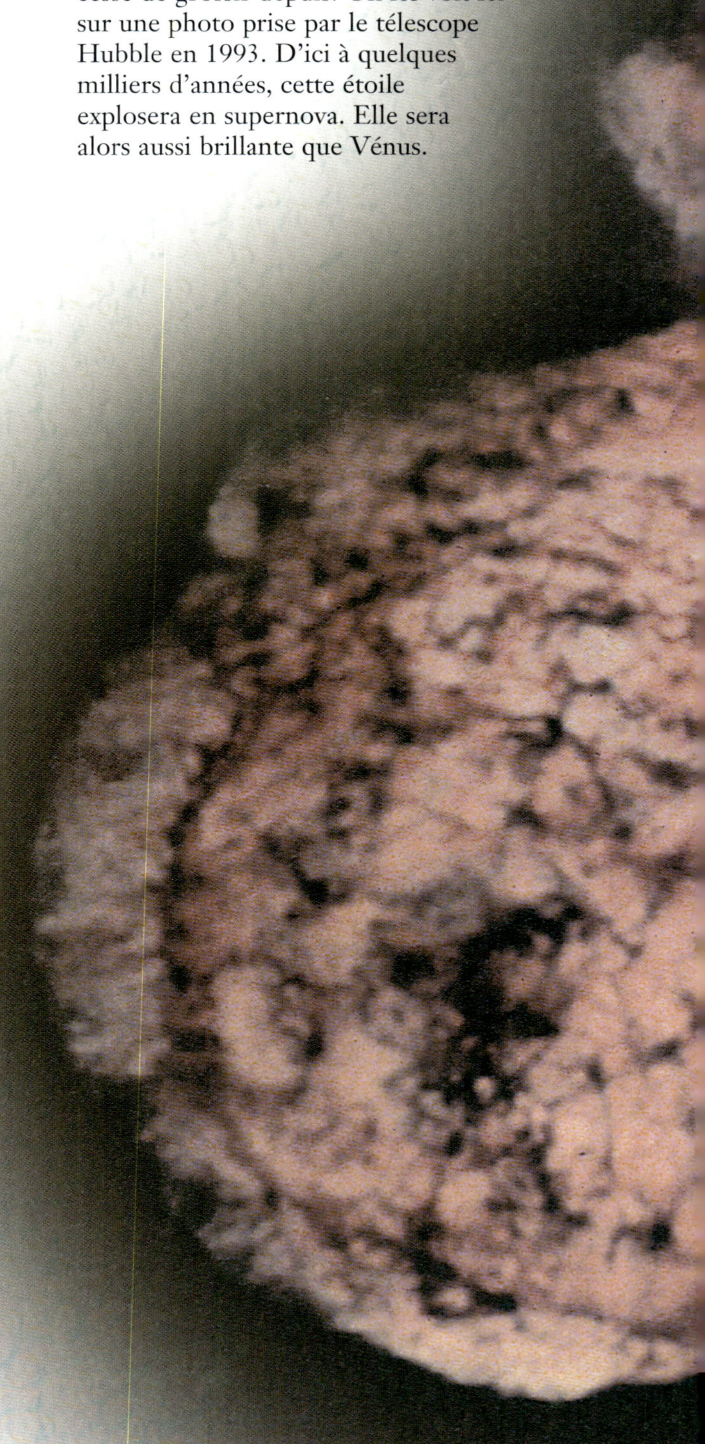

GROS PLAN

La première supernova

« J'observais le ciel quand je remarquai une nouvelle étoile, bien plus brillante que les autres, écrit l'astronome Tycho Brahe en 1572. Je n'en croyais pas mes yeux. »
À l'époque, on pensait que les étoiles ne changeaient jamais. L'astronome venait de découvrir une supernova. Il démontra qu'elle se trouvait loin derrière la Lune. Voici tout ce qu'il en reste aujourd'hui. Seuls les télescopes à rayons X peuvent encore la voir.

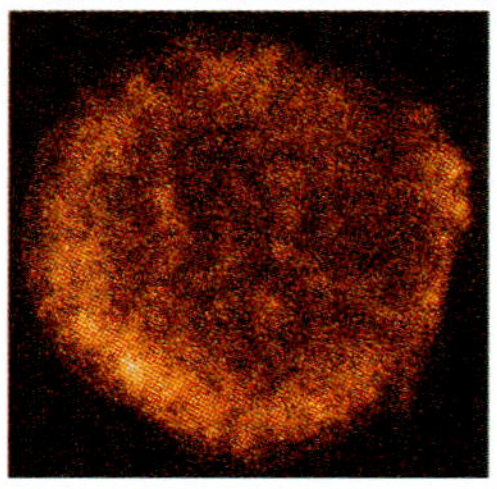

Les unes dansent
Les étoiles doubles à éclipses tournent l'une autour de l'autre comme si elles dansaient. Quand l'une des deux passe derrière l'autre, on ne voit plus sa lumière. Dès qu'elle réapparaît, le couple retrouve tout son éclat.

Les autres grossissent
Les étoiles variables dites céphéides gonflent et rétrécissent régulièrement, selon qu'elles se réchauffent ou se refroidissent. Il en existe des milliers dans le ciel. En calculant la fréquence de leurs pulsations, on arrive à mesurer à quelle distance de la Terre elles se trouvent.

Histoire de mots

Algol est l'une des étoiles variables à éclipses de notre galaxie. Dans la mythologie grecque, Algol est l'œil clignotant d'un monstre femelle appelé Gorgone, qui transformait en pierre quiconque croisait son regard.

Incroyable !

- Certaines étoiles à neutrons, les pulsars, envoient de brefs signaux radioélectriques.
- Une supernova libère en quelques jours l'énergie que le Soleil dégagera en 10 milliards d'années.

Zapping

- Comment a-t-on découvert que l'Univers était en expansion ? Réponse page 9.
- Qu'est-ce que la nébuleuse du Crabe ? → page 55.
- Que sait-on sur les trous noirs ? → pages 58-59.

Les supernovae

Les supernovae sont des étoiles qui s'autodétruisent en explosant.

Les étoiles massives

Une géante bleue grossit jusqu'à devenir une supergéante rouge. Quand celle-ci vient à bout de son combustible, son noyau s'effondre. Elle devient une étoile à neutrons hyperdense ou un trou noir.

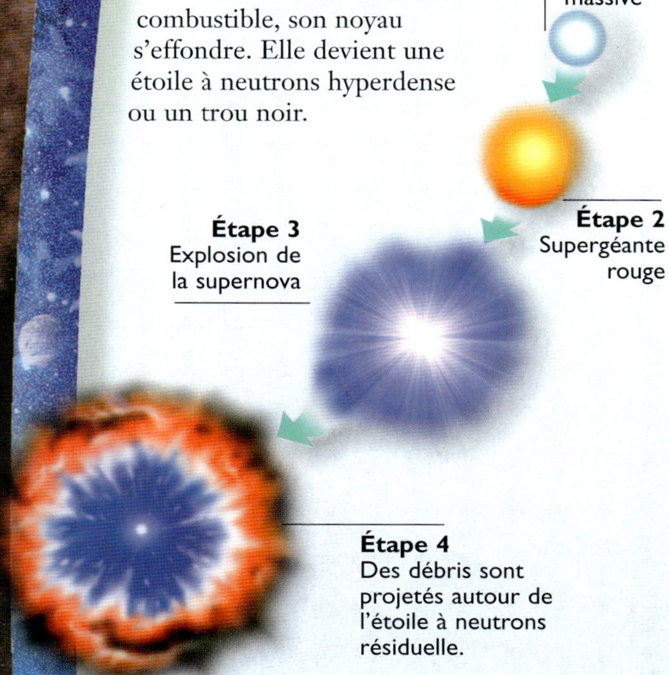

Étape 1 Étoile bleue massive

Étape 2 Supergéante rouge

Étape 3 Explosion de la supernova

Étape 4 Des débris sont projetés autour de l'étoile à neutrons résiduelle.

Les novae

Les novae sont des étoiles qui explosent après avoir aspiré la matière d'une autre étoile située à proximité. Ici, une naine blanche attire à elle les gaz d'une géante rouge.

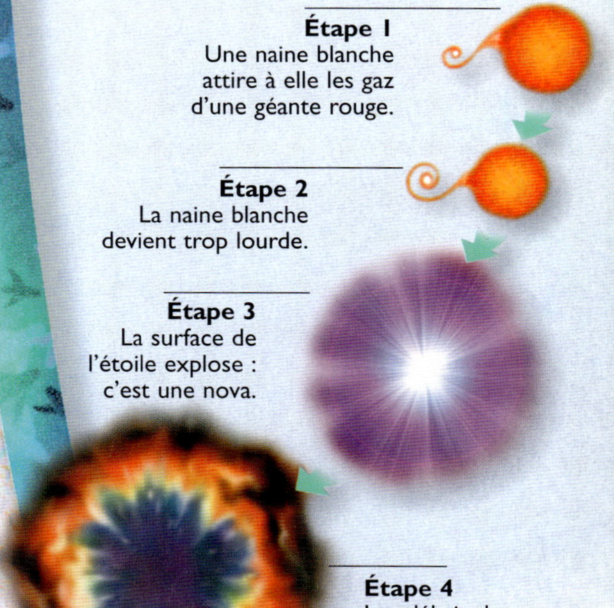

Étape 1 Une naine blanche attire à elle les gaz d'une géante rouge.

Étape 2 La naine blanche devient trop lourde.

Étape 3 La surface de l'étoile explose : c'est une nova.

Étape 4 Les débris de l'explosion sont projetés dans l'espace.

Tout est calme... C'était juste une étoile parmi des millions d'autres situées dans une galaxie proche, le Nuage de Magellan.

... Et puis, c'est l'explosion ! Le 23 février 1987, les astronomes ont pu observer l'explosion de l'étoile. L'apparition de supernovae est imprévisible.

NGC 604, berceau de nouvelles étoiles

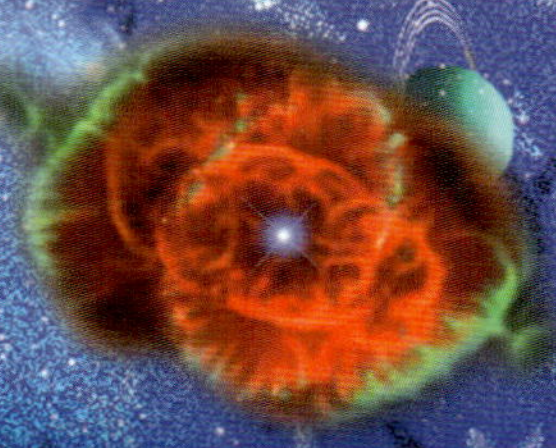

L'Œil du chat, issu de la mort d'une étoile

Les nébuleuses

Entre les étoiles, l'espace est parsemé d'atomes de gaz et de poussières. Comme de la vapeur d'eau, une partie de cette matière se concentre pour former de vastes nuages, les nébuleuses. Sous l'effet de la gravité, certaines nébuleuses deviennent suffisamment denses pour donner naissance à des étoiles, dont le noyau va fabriquer des dizaines d'éléments chimiques. À la fin de leur vie, les étoiles expulsent des gaz qui forment une nébuleuse planétaire ou un reste de supernova. Les éléments chimiques constituant ces gaz vont rejoindre d'autres nébuleuses, qui donneront naissance à des étoiles ou à des planètes. L'oxygène, le carbone, le fer et tous les éléments de notre corps proviennent d'étoiles mortes depuis des milliards d'années.

GROS PLAN

Photographe d'étoiles

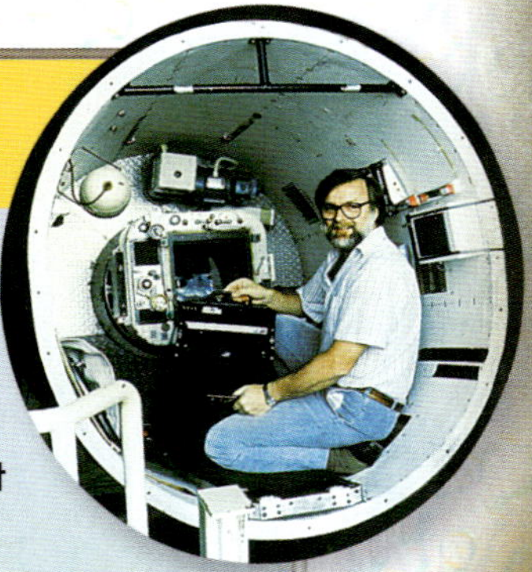

« On ne peut pas sentir ni toucher les étoiles, explique David Malin, et on peut à peine les voir. » Pourtant, cet astronome s'efforce de les photographier, en se servant du télescope anglo-australien de 3,90 m de diamètre comme d'un appareil photo géant. La lumière des nébuleuses est parfois si faible qu'il doit exposer la pellicule pendant plus d'une heure. « Les images, magnifiques, témoignent de l'infinie variété de la nature. Et elles révèlent parfois plus que l'observation au télescope. » Les deux photos de nébuleuses (ci-dessous) ont été prises par David Malin.

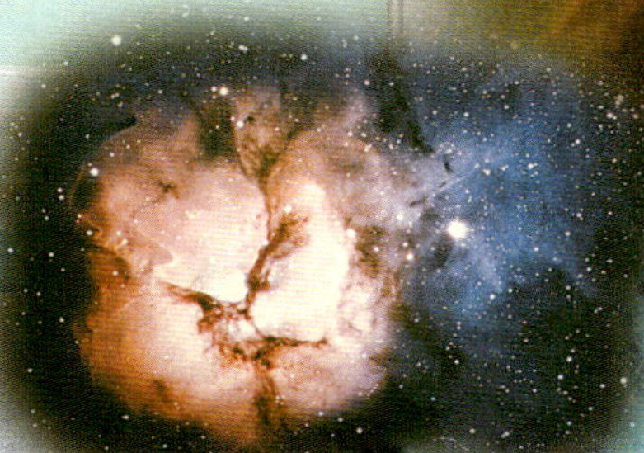

Quatre types de nébuleuses

Nébuleuses brillantes

Elles sont éclairées de l'intérieur par des étoiles en formation qui, en dégageant de l'énergie, leur donnent des teintes rouges, vertes et bleues. Ci-dessus, la nébuleuse Trifide, située à 3 500 années-lumière.

Nébuleuses obscures

Ces nébuleuses sont composées de nuages de poussières sombres qui ne laissent pas passer la lumière des étoiles. Cette photo montre la nébuleuse de la Tête de cheval.

Histoire de mots

Nébuleuse vient du latin *nebula*, « brouillard ». Autrefois, toute tache floue ne ressemblant pas à une étoile était considérée comme une nébuleuse.
En réalité, nombre d'entre elles sont des galaxies à part entière, constituées de milliards d'étoiles.

Incroyable !

- La nébuleuse d'Orion contient assez de gaz pour fabriquer 10 000 Soleils.
- L'hydrogène et l'hélium forment 90 % de la matière de l'Univers. Le reste (constituants des planètes et des êtres vivants) est issu des étoiles.

Zapping

- Comment un nuage de gaz et de poussière a-t-il pu donner naissance au système solaire ? Réponse page 23.
- De quelle façon naît et meurt une étoile ? → pages 50-51.
- Que sont les novae et les supernovae ? → page 53.

À toi de jouer

La nébuleuse d'Orion

Cherche d'abord la constellation du même nom en te reportant à la page 48. Au centre de celle-ci, tu verras une rangée de trois étoiles, appelée le baudrier d'Orion (la ceinture du chasseur). Sous la ceinture se trouve l'épée, constituée de trois autres étoiles, plus pâles. Avec des jumelles, tu constateras que celle du milieu est beaucoup moins nette que les autres. En fait, ce n'est pas une étoile – c'est la nébuleuse d'Orion.
Sur la photo, elle est rouge, mais tu la verras grise : tes yeux ne peuvent discerner les vraies couleurs des étoiles et des nébuleuses.

La nébuleuse de l'Aigle, berceau cosmique
La nébuleuse de l'Aigle, à 7 000 années-lumière de nous, est pleine de jeunes étoiles. On la voit en entier sur la photo ci-dessus, prise par David Malin. Le télescope Hubble l'a observée plus en détail. Les clichés ont révélé des colonnes de gaz et de poussières de 1 année-lumière de haut. À leur sommet, des flambées de gaz de la taille de notre système solaire contiennent les étoiles en formation. Le Soleil et ses planètes se sont formés ainsi, il y a 5 milliards d'années.

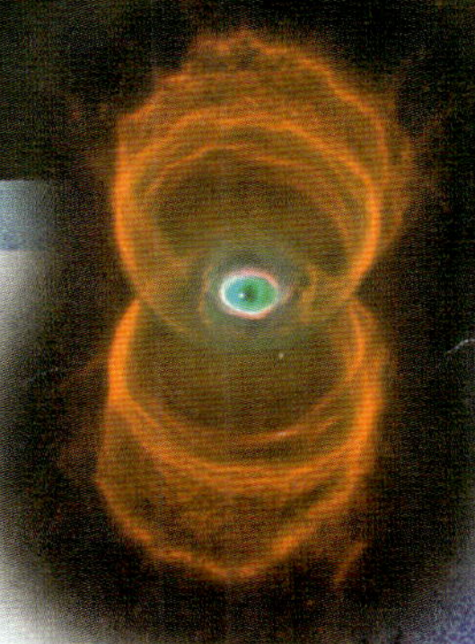

Nébuleuses planétaires
En mourant, les étoiles libèrent souvent leur couche de gaz externe. Il se forme alors des anneaux gazeux, comme on peut en voir ici, sur cette photo montrant la nébuleuse Dumb-Bell.

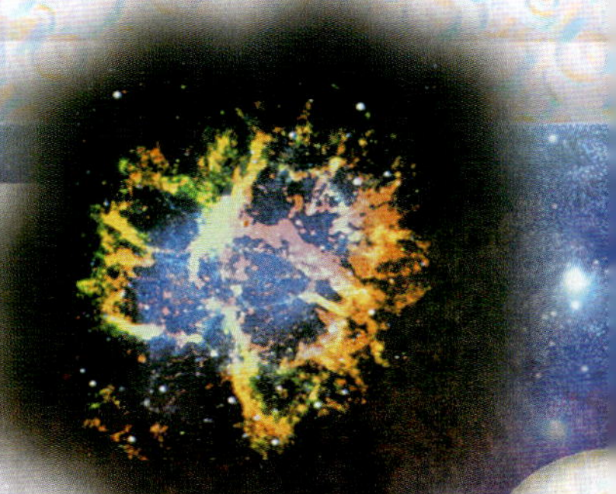

Cendres d'étoiles
La nébuleuse du Crabe est tout ce qui reste d'une supernova observée en 1054. Les débris de ce type permettent la formation de nouvelles générations d'étoiles.

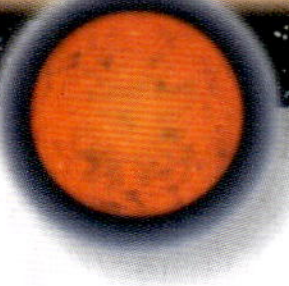

Bételgeuse, géante rouge

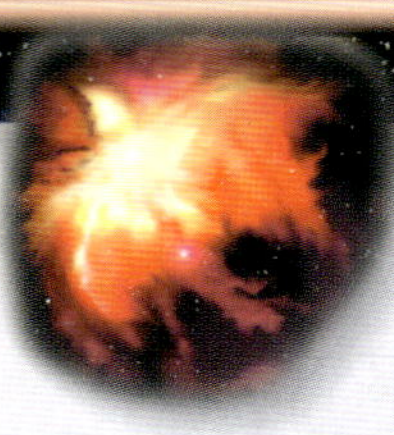

Nébuleuse d'Orion

Notre galaxie

Si le système solaire est un quartier, notre galaxie est une ville immense qui s'étend tout autour et l'Univers est un pays. Notre galaxie comprend 200 milliards d'étoiles concentrées dans son noyau ou réparties sur les bras en spirale qui tournent autour. Le Soleil se trouve dans la banlieue, sur l'un des bras, à mi-chemin du centre.

Toutes les étoiles que l'on voit dans le ciel appartiennent à notre galaxie. Ce qui est au-delà échappe à notre regard. À l'aide de télescopes à longue portée, les astronomes ont découvert, au cœur de notre galaxie, un tourbillon de gaz et d'étoiles autour d'un petit objet sombre et très dense : il s'agit peut-être d'un trou noir.

Les autres galaxies sont très loin : la lumière de M 31 d'Andromède (la galaxie la plus proche) met 2,8 millions d'années à nous parvenir.

Vue d'en haut

Si on pouvait se placer au-dessus de notre galaxie, voici ce qu'on verrait : un noyau brillant de vieilles étoiles jaunes entouré de myriades d'amas globulaires. Des bras chargés de jeunes étoiles bleues partent en spirale du noyau. De loin, la galaxie paraît immobile : elle tourne trop lentement pour que l'œil humain puisse détecter son mouvement.

GROS PLAN

La mère de la matière noire

L'Américaine Vera Rubin est passionnée d'astronomie depuis l'enfance. « Je me vois encore, fillette, alors que nous roulions en voiture une nuit, demander à mon père pourquoi la Lune nous suivait dans nos déplacements. J'éprouve aujourd'hui la même curiosité à l'égard de l'Univers. »

Cette astronome a découvert que les galaxies étaient entourées de nuages de matière noire invisible, qui représenterait 90 % de la matière de l'Univers. Mais on ne sait pas encore de quoi il s'agit. « L'Univers recèle encore tant de mystères ! s'émerveille l'astronome. Les chercheurs devront vraiment travailler pour arriver à tout expliquer. »

Une coulée de lait dans le ciel

La nuit, on voit la trace de notre galaxie. Elle dessine dans le ciel un pâle ruban de lumière en forme d'arche, qu'on appelle la Voie lactée en raison de son aspect laiteux.

Les Pléiades, amas stellaire ouvert

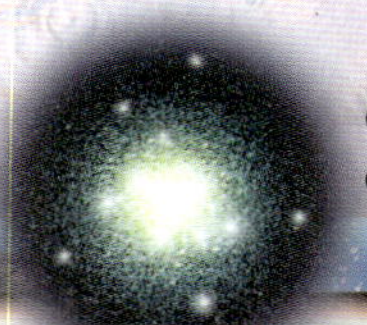

Oméga du Centaure, amas globulaire

Histoire de mots

En latin, **Voix lactée** *(Via lactea)* signifie « route de lait ». **Galaxie** vient du grec *gala*, « lait ». Selon les Grecs anciens, la traînée blanche qu'on voit la nuit dans le ciel était du lait répandu par Hercule quand il était bébé.

Incroyable !

- Depuis l'apparition des dinosaures, le Soleil n'a fait qu'une fois le tour de notre galaxie.
- Au centre de la Voie lactée se trouve peut-être un trou noir.

Zapping

- Quelle est la place de la Voie lactée dans l'Univers ? Réponse page 8.
- Notre galaxie comporte-t-elle des trous noirs ? → page 58.

À TOI DE JOUER

Observe la Voie lactée

L'idéal est d'être à la campagne, loin des lumières des villes, et aux alentours de la nouvelle lune (en été, en automne ou en hiver). Tu as besoin de jumelles. Tu verras que la Voie lactée comporte des milliers d'étoiles. L'été, observe la partie la plus dense, vers la constellation du Sagittaire. C'est le cœur de notre galaxie. Vois-tu les bandes sombres de gaz et de poussière qui semblent couper les étoiles ? Le centre de la Voie lactée se trouve derrière.

Notre galaxie vue de profil
De profil, notre galaxie ressemble à une soucoupe volante. Pose deux CD l'un sur l'autre, puis enfonce une bille dans le trou du milieu : voilà à peu près la taille du noyau, ou bulbe, par rapport aux bras. Le « disque » de la galaxie est peut-être entouré d'un halo de matière noire, invisible pour nous.

La famille des galaxies

Plusieurs sortes de galaxies peuplent l'Univers. Voici les quatre formes principales.

Galaxie spirale
Plusieurs bras chargés d'étoiles lumineuses forment une spirale autour d'un noyau très dense. Les étoiles situées sur les bras tournent autour du noyau.

Spirale barrée
Les bras partent des extrémités d'une « barre » traversant le noyau. Notre galaxie fait peut-être partie de cette catégorie de galaxies.

Galaxie elliptique
Il s'agit d'une espèce de ruche cosmique, avec des milliards d'étoiles essaimant tout autour. Certaines, comme la galaxie M 87, sont devenues énormes après avoir absorbé les galaxies voisines.

Galaxie irrégulière
Certaines galaxies n'ont pas de forme déterminée. C'est le cas du Petit Nuage de Magellan, une petite galaxie en orbite autour de la Voie lactée.

La Voie lactée, galaxie de taille moyenne

Une galaxie naine, 15 fois plus petite

Une galaxie géante, 15 fois plus grande

Les galaxies et les trous noirs

Les galaxies ne sont pas réparties uniformément dans l'Univers. Elles sont regroupées par milliers en amas, formant eux-mêmes des superamas qui flottent dans des bulles d'espace vide.
Les galaxies s'attirent parfois sous l'effet de la gravité, ce qui les déforme ou provoque des collisions d'où naissent de nouvelles étoiles. Il arrive aussi que les plus grandes absorbent les plus petites. C'est ce que notre galaxie pourrait faire avec les deux Nuages de Magellan.
Les galaxies contiennent des trous noirs dont certains sont capables d'avaler des millions d'étoiles. Heureusement, les trous noirs de notre galaxie sont trop éloignés pour avaler le Soleil.

De véritables centrales électriques
Un quasar (à droite) produit plus d'énergie que toute une galaxie – pour une taille voisine de celle du système solaire. Il s'agirait d'un trou noir alimenté par la matière très dense de jeunes galaxies.

Accident de parcours
Les galaxies se percutent, éclatent et donnent naissance à de nouveaux systèmes peuplés de nouvelles étoiles. À gauche, la collision des galaxies Antennae « allume » des milliards de jeunes étoiles bleues.

Un tourbillon destructeur
Si on pouvait se rendre au centre d'une galaxie, on y découvrirait peut-être un disque d'accrétion, c'est-à-dire un gigantesque tourbillon d'étoiles, de gaz et de poussières autour d'un trou noir. Ce dernier absorbe la lumière, donc on ne le voit pas, mais on peut voir le rayonnement de la matière qui va être avalée. Ce qu'il ne réussit pas à engloutir fuse dans l'espace sous forme de jets de gaz.

À la recherche des trous noirs

Le télescope Hubble a exploré le centre de nombreuses galaxies. Les trous noirs restent invisibles, mais leurs jets de gaz et leurs tourbillons caractéristiques les révèlent à nous.

NGC 4261
Le télescope Hubble a photographié un disque d'accrétion de la galaxie baptisée NGC 4261.C'est un tourbillon autour d'une tache centrale plus sombre, le trou noir, d'où jaillit un jet de gaz clair.

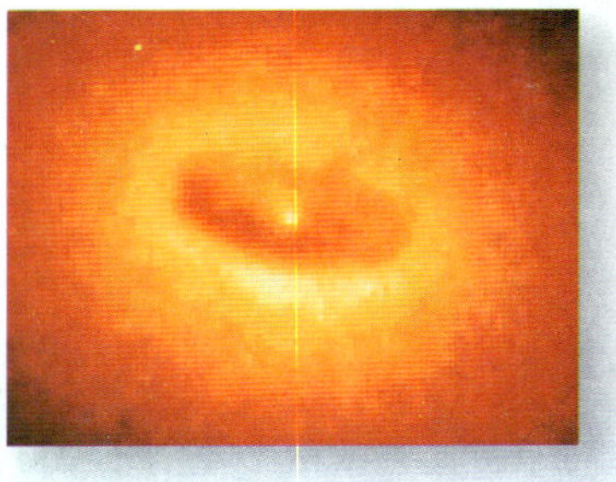

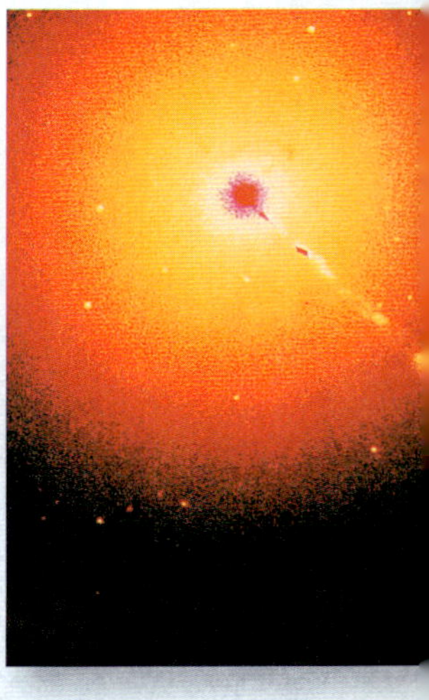

Histoire de mots

En 1784, l'astronome John Michell a compris que certains objets sont si denses que la lumière ne peut s'en échapper. Mais c'est le physicien John Wheeler qui, en 1967, a utilisé le premier l'expression **trou noir**.

Incroyable !

• Si l'on pouvait comprimer la Terre de façon à lui donner la taille d'une bille, elle deviendrait si dense qu'elle formerait un trou noir.

Zapping

• Qu'utilise-t-on pour repérer les trous noirs ? Réponse page 10.
• Quand une étoile peut-elle devenir un trou noir ? → page 52.
• Pourquoi les astronomes pensent-ils qu'il y a un trou noir au centre de notre galaxie ? → page 56.

GROS PLAN

Avalé par un trou noir !

Aïe ! Tu voyageais dans l'espace, et voilà que tu tombes à pieds joints dans un trou noir. Si tu lèves la tête, tu vois tout l'avenir de l'Univers défiler en l'espace d'un instant. Le trou est si petit qu'il tire plus fort sur tes pieds que sur ta tête. Si tu étais tombé dans un trou plus gros, tu aurais été aspiré quand même, mais moins déformé.

Pour traverser l'Univers en toute sécurité, il faudrait emprunter des tunnels cosmiques reliant des zones éloignées de l'espace. Mais nul ne sait si ces tunnels existent réellement... en dehors des films de science-fiction !

On fonce sur Andromède !
Notre galaxie et Andromède sont les deux plus grandes galaxies du Groupe local, un petit amas d'une trentaine de galaxies. On voit ici Andromède et ses deux minuscules galaxies satellites. Notre galaxie et Andromède se dirigent l'une vers l'autre. Elles pourraient se percuter d'ici à 5 milliards d'années et, ensemble, former une galaxie elliptique géante.

M 87
Un jet de gaz giclant d'un trou noir fuse de la galaxie géante M 87. Ce trou noir aurait avalé l'équivalent de trois milliards de Soleils, sous forme de matière stellaire.

NGC 7052
Dans cette galaxie située à 190 millions d'années-lumière de nous, le télescope a décelé un disque de poussière tournant à toute vitesse, autour d'un trou 300 millions de fois plus lourd que le Soleil.

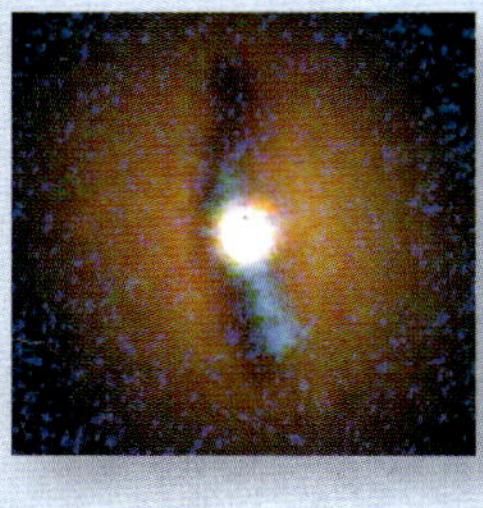

NGC 6251
Cette galaxie se trouve dans la constellation de la Petite Ourse. Le point blanc que l'on aperçoit au milieu est la lumière émise par un gaz brûlant, situé près d'un trou noir.

M 33, à 2,2 millions d'années-lumière

M 83, à 22 millions d'années-lumière

NGC 4639, à 78 millions d'années-lumière

L'univers en expansion

Selon la théorie du Big Bang, l'Univers est né il y a environ 15 milliards d'années à partir d'une bulle d'énergie dense et chaude qui a brutalement commencé à s'étendre, et donc à se refroidir.
En refroidissant, elle a formé la matière et l'énergie que nous observons aujourd'hui.
L'expansion de l'Univers continue : les galaxies s'éloignent les unes des autres à toute vitesse. Comme si l'on soufflait dans un ballon, l'espace devient de plus en plus grand. C'est ce qu'on appelle l'expansion de l'Univers. Il y a une trentaine d'années, on a détecté un rayonnement venant du fin fond de l'Univers : sans doute un reste de la chaleur émise par le Big Bang.
À partir de là, toutes les hypothèses sont permises. Notre Univers n'est peut-être pas seul et pourrait être relié à un ensemble d'autres univers. Ou bien il est tellement vaste que, ramené à l'échelle de la Terre, ce qu'on voit de lui n'est qu'un grain de poussière.

Les débuts de l'Univers

Une bulle d'énergie, atteignant une température de millions de milliards de milliards de degrés, se met à enfler, comme un gigantesque ballon cosmique. Puis elle commence à se refroidir. De minuscules particules, les quarks et les électrons, se condensent dans une sorte de soupe atomique. Celle-ci se fige à son tour, formant des neutrons et des protons – qui donnent naissance aux atomes d'hydrogène et d'hélium. La force de gravité « colle » ces atomes les uns aux autres : ils constituent ainsi les premières étoiles, puis les galaxies.

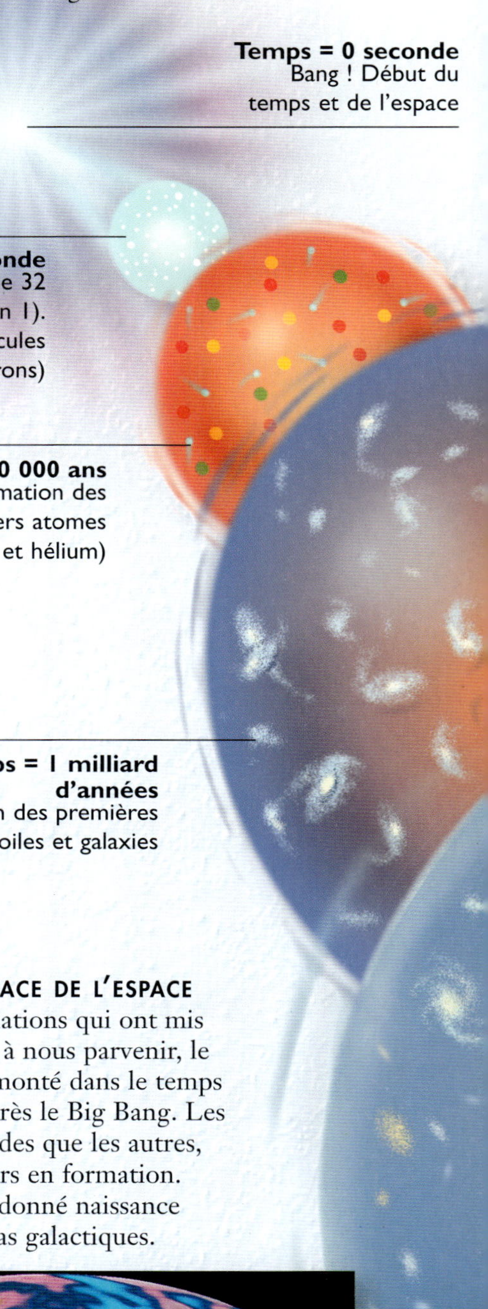

Temps = 0 seconde
Bang ! Début du temps et de l'espace

Temps = 10^{-33} seconde
(0 suivi d'une virgule, de 32 zéros, puis d'un 1). Formation des particules (quarks et électrons)

Temps = 300 000 ans
Formation des premiers atomes (hydrogène et hélium)

Temps = 1 milliard d'années
Formation des premières étoiles et galaxies

GROS PLAN

Maître du temps et de l'espace

Bien que paralysé par une maladie musculaire, Stephen Hawking se passionne pour l'astronomie. S'exprimant à l'aide d'un ordinateur, il explique ainsi les débuts de l'Univers : « Le Big Bang est un peu comme le pôle Nord. On peut dire que la Terre commence au pôle Nord et que le temps a commencé avec le Big Bang. Cela n'a pas plus de sens de demander ce qu'il y a au nord du pôle Nord que de demander ce qu'il y avait avant le Big Bang. »

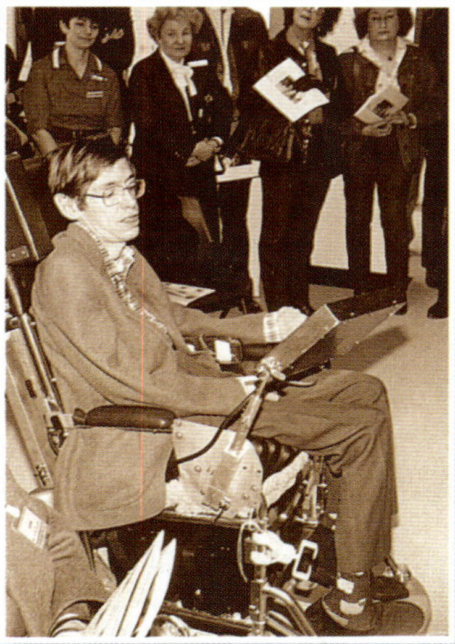

Des rides à la surface de l'espace

En examinant des radiations qui ont mis des milliards d'années à nous parvenir, le satellite COBE est remonté dans le temps jusqu'à 300 000 ans après le Big Bang. Les zones bleues, plus froides que les autres, sont des bouts d'univers en formation. Ces « rides » auraient donné naissance aux premiers superamas galactiques.

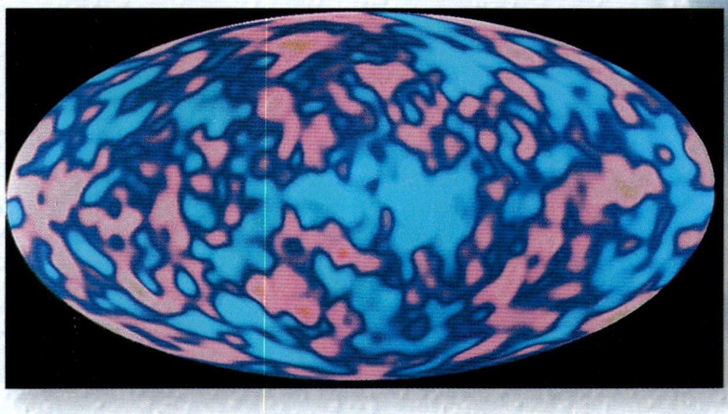

Le quasar PKS 2349, à 1,5 milliard d'années-lumière

RD 1, à 12 milliards d'années-lumière

Histoire de mots

Fred Hoyle a été le premier à utiliser l'expression **Big Bang** (« gros boum » en anglais), en 1950, pour se moquer d'une théorie à laquelle il était opposé. Il soutenait en effet que l'Univers était stationnaire.

Incroyable !

- Juste après le Big Bang, en une fraction de seconde, l'Univers avait déjà grossi de 10^{50} fois.
- Il y a autant d'étoiles dans l'Univers que de grains de sable sur toutes les plages du monde.

Zapping

- Qui a découvert que l'Univers était en expansion ? Réponse page 9.
- Y a-t-il d'autres êtres vivants dans l'Univers ? → pages 18-19.
- Comment le système solaire s'est-il formé ? → page 23.
- Comment naissent les étoiles ? → pages 50-51.

À toi de jouer

Le ballon Univers

1. Gonfle un ballon rond jusqu'à ce qu'il ait la taille d'une orange, puis tiens le bout serré pour empêcher l'air de s'échapper.
2. À l'aide d'un feutre noir, dessine dessus une vingtaine de galaxies (en spirale, en ellipse ou de forme irrégulière) à peu près à égale distance les unes des autres.
3. Devant une glace, gonfle complètement le ballon. Comme dans l'Univers, tu vois les galaxies s'éloigner les unes des autres.

Le destin de l'Univers

Il existe plusieurs théories sur les débuts de l'Univers, mais celle du Big Bang semble aujourd'hui la plus valable. On ignore encore quel sera le destin de l'Univers, mais deux hypothèses sont avancées. Les télescopes du futur devraient préciser laquelle est la bonne, à moins qu'ils ne découvrent que l'Univers se comporte d'une façon différente de tout ce qu'on avait pu imaginer.

Un « big crunch »...
L'Univers, parvenu au terme de son expansion, pourrait se mettre à rétrécir en se contractant. Après des milliards d'années, la matière et l'énergie seraient pressées comme un citron, au cours du « big crunch ».

... ou une expansion sans fin ?
La gravité et la matière ne suffisant pas à stopper l'expansion de l'Univers, l'espace deviendrait de plus en plus sombre et les galaxies disparaîtraient dans des trous noirs. Puis ceux-ci se dissoudraient en myriades de particules éparpillées dans l'espace.

Temps = 15 milliards d'années
L'Univers compte aujourd'hui peut-être 50 milliards de galaxies.

Glossaire

Amas Ensemble d'étoiles ou de galaxies liées par la gravité. Les groupes de quelques centaines d'étoiles jeunes assez distantes sont appelés amas ouverts. Les groupes de centaines de milliers d'étoiles anciennes très serrées sont appelés amas globulaires. Les galaxies forment des amas de galaxies.

Année Temps mis par une planète pour faire le tour du Soleil.

Année-lumière Distance parcourue par la lumière en une année, soit 9 460 milliards de kilomètres.

Apesanteur État dans lequel se trouvent les astronautes dans l'espace, en l'absence de gravité. On parle aussi de micropesanteur.

Astéroïde Objet céleste composé de roche et/ou de métal, en orbite autour du Soleil. La plupart des astéroïdes se trouvent sur une ceinture située entre Mars et Jupiter.

Astronomie Science étudiant les astres : les planètes, les étoiles, les nébuleuses, les galaxies et tout l'Univers.

Atmosphère Couche de gaz entourant une planète, un satellite ou une étoile.

Atome Minuscule morceau de matière, comportant la plus petite combinaison possible de ses éléments de base, comme l'hydrogène, l'oxygène ou le fer. Les atomes sont faits de particules encore plus petites : les protons, les neutrons et les électrons.

Attraction Force exercée par un corps qui attire les autres à lui.

Aurore polaire Lumière colorée qui apparaît dans le ciel, à proximité des pôles, quand des particules du Soleil tombent dans l'atmosphère. On parle d'aurore boréale au nord et d'aurore australe au sud.

Axe de rotation Ligne imaginaire autour de laquelle un astre tourne sur lui-même.

Bactérie La plus simple des formes de vie sur Terre, constituée d'une cellule unique. Les bactéries ont peut-être été les premières manifestations de la vie dans l'Univers.

Big Bang Événement qui aurait marqué la naissance de l'Univers à partir d'une bulle d'énergie très chaude et très dense, il y a 15 milliards d'années environ.

Ceinture de Kuiper Région située au-delà de Pluton, dans laquelle des milliers de comètes et d'astéroïdes tournent autour du Soleil.

Champ magnétique Région de l'espace où s'exerce la force magnétique d'un corps.

Comète Objet céleste formé de poussières et de glace, en orbite autour du Soleil. Lorsqu'une comète s'approche du Soleil, sa glace fond ; la matière ainsi libérée forme deux queues, une de poussières et une de gaz.

Constellation L'un des 88 groupes d'étoiles en lesquels on a partagé le ciel.

Cratère Marque circulaire laissée par une comète ou un astéroïde venus percuter une planète ou un satellite.

Croûte Couche externe solide d'une planète, d'un satellite ou d'un astéroïde. On parle aussi d'écorce.

Éclipse Lorsqu'un objet passe devant un autre, il cache totalement ou en partie la lumière qu'émet ce dernier. On parle d'éclipse de Soleil quand la Lune passe entre la Terre et le Soleil, et d'éclipse de Lune quand la Terre passe entre la Lune et le Soleil.

Espace Région dépourvue d'air située au-delà de l'atmosphère terrestre.

Étoile Grosse boule de gaz (hydrogène) produisant de la chaleur et de la lumière. Le Soleil est une étoile.

Étoile à neutrons Étoile très dense issue de l'explosion d'une supernova.

Étoile variable à éclipses Paire d'étoiles tournant l'une autour de l'autre.

Étoile variable pulsante Étoile changeant régulièrement de taille et brillant plus ou moins fort selon qu'elle enfle ou rétrécit.

Galaxie Groupe de plusieurs milliards d'étoiles et de nébuleuses retenues ensemble par la gravité.

Galaxie spirale Galaxie tournant sur elle-même et dotée de plusieurs bras parsemés d'étoiles, enroulés autour d'un noyau dense.

Géante gazeuse Grosse planète constituée principalement d'hydrogène. Les quatre géantes gazeuses du système solaire sont Jupiter, Saturne, Uranus et Neptune.

Géante rouge Grosse étoile peu chaude, en fin de vie.

Gravité Force attirant les objets entre eux. Elle maintient les planètes et leurs satellites en orbite, et nous fait tenir sur la Terre.

Groupe local Nom de l'amas de galaxies auquel appartient notre galaxie. Il comporte une trentaine de galaxies.

Hydrogène Gaz simple, très répandu dans l'Univers.

Infrarouge Rayonnement invisible, de longueur d'onde légèrement supérieure à celle de la lumière visible. On le sent sous forme de chaleur près d'un feu, par exemple.

Jour Temps mis par une planète ou par un satellite pour faire un tour complet sur lui-même.

Lave Roches fondues émises par un volcan ou par une faille dans l'écorce d'une planète ou d'un satellite.

Satellite · Nébuleuse · Télescope optique · Phase de la Lune · Sonde · Géante rouge

Manteau Couche intermédiaire entre l'écorce et le noyau d'une planète.

Météore Traînée de lumière dans le ciel provoquée par l'entrée dans l'atmosphère d'un corps céleste s'enflammant à son contact. Les météores sont couramment appelés « étoiles filantes ».

Météorite Corps céleste tombant sur une planète ou un satellite.

Milliard Mille millions : 1 plus 9 zéros, soit 1 000 000 000 (10^9).

Naine blanche Petite étoile encore très chaude, en fin de vie.

Navette spatiale Vaisseau de la NASA récupérable, servant à emmener des hommes et du matériel en orbite autour de la Terre.

Nébuleuse Nuage de poussières et de gaz situé dans l'espace, entre les étoiles. Une nébuleuse peut être obscure ou brillante.

Nébuleuse planétaire Nuage de gaz formé par une étoile en train de mourir qui se débarrasse de son enveloppe gazeuse.

Nova Explosion survenant lorsqu'une étoile absorbe trop de gaz provenant d'une étoile voisine. Après l'explosion, l'étoile recommence à aspirer les gaz de sa compagne.

Noyau Cœur d'une comète, d'une planète ou d'une galaxie.

Nuage de Oort Ensemble de plusieurs millions de comètes, situé entre la ceinture de Kuiper et l'étoile la plus proche de nous.

Orbite Trajet suivi par un corps, comme la Terre, tournant autour d'un autre corps, comme le Soleil.

Phases Modifications de l'aspect d'un objet céleste, selon qu'on le voit plus ou moins éclairé par le Soleil.

Planète Gros objet tournant autour d'une étoile, comme le Soleil. Les planètes ne produisent pas de lumière : elles sont éclairées par la lumière de leur étoile.

Planète rocheuse Planète principalement constituée de roches, telle que Mercure, Vénus, la Terre et Mars.

Pôles Deux points opposés à la surface d'une planète, d'un satellite, d'une étoile, etc., tournant sur lui-même, par lesquels passe l'axe de rotation de l'objet.

Pulsar Étoile à neutrons tournant très vite sur elle-même et envoyant à intervalles réguliers des signaux radioélectriques.

Quasar (ou source radio quasi stellaire) Noyau d'une jeune galaxie très lointaine, produisant une incroyable quantité d'énergie.

Radiation, ou **rayonnement** Processus de déplacement de l'énergie dans l'espace, sous forme d'ondes ou de particules.

Radioastronomie Étude des astres d'après les ondes radioélectriques qu'ils émettent.

Radioélectriques (ondes) Rayonnement invisible, de longueur d'onde supérieure à celle du rayonnement infrarouge.

Rayons X Rayonnement invisible, de longueur d'onde plus courte que celle de l'ultraviolet.

Reste de supernova Nébuleuse formée par les gaz éjectés d'une étoile une fois qu'elle a explosé en supernova.

Satellite Objet céleste en orbite autour d'une planète. On parle aussi de lune.

Satellite artificiel Engin spatial placé en orbite autour de la Terre ou d'un autre astre.

Sonde Engin spatial explorant le système solaire hors de l'orbite terrestre. On envoie des sondes explorer les planètes, les satellites, les astéroïdes, les comètes et le Soleil.

Station orbitale Grand satellite artificiel placé en orbite autour de la Terre, et qui peut être habité par l'homme pour une durée prolongée.

Stellaire Relatif aux étoiles.

Supernova Explosion survenant lorsqu'une étoile géante, ayant épuisé tout son combustible, vole en éclats. Les étoiles doubles finissent également en supernovae, après plusieurs séries de novae. Le terme supernova désigne à la fois l'explosion et l'étoile qui explose.

Système solaire Les neuf planètes, les comètes, les astéroïdes, les grains de poussière... en orbite autour du Soleil.

Télescope Hubble Grand télescope spatial placé en orbite au-dessus de l'atmosphère terrestre en 1990. Il a fourni les images les plus précises dont on dispose actuellement sur les étoiles et les galaxies de l'Univers.

Trou noir Objet très dense, se formant en général à la suite de l'explosion d'une étoile massive. Sa gravité est si puissante qu'il absorbe même la lumière. Certains trous noirs de très grande masse peuvent avaler des millions d'étoiles.

Ultraviolet Rayonnement invisible, de longueur d'onde légèrement inférieure à celle de la lumière visible. Les rayons ultraviolets émis par le Soleil sont responsables des « coups de soleil ».

Univers Tout ce qui existe : galaxies, étoiles, nébuleuses, planètes, satellites, astéroïdes, comètes, poussières flottant dans l'espace…

Voie lactée Grande arche lumineuse, qui représente la trace visible de notre galaxie dans le ciel. Elle doit son aspect laiteux à la multitude d'étoiles qui la composent.

Planète rocheuse · Satellite artificiel · Navette spatiale · Station orbitale · Étoile · Supernova

INDEX

A
ACE, 29
Aigle (nébuleuse), 55
Aldébaran (étoile), 17
Algol (étoile), 53
Andromède (galaxie), 8-9, 56, 59
anneaux de Saturne, 38-39
Antennae (galaxies), 58
apesanteur, 14-15
Apollo (missions), 12, 26-27
Arcturus (étoile), 51
Armstrong, Neil, 12
Arrest, Heinrich d', 40
astéroïde, 22-23, 34-35
aurore, 28-29

B
Bételgeuse (étoile), 51, 56
Big Bang, 60-61
Brahe, Tycho, 52
Butler, Paul, 51

C
Caliban (satellite d'Uranus), 41
Callisto (satellite de Jupiter), 37
carte du ciel, 48-49
Cassini (sonde), 16-17, 38, 43
Cérès (astéroïde), 34-35
Charon (satellite de Pluton), 23, 42-43
COBE (satellite artificiel), 60
Collins, Eileen, 13
comète, 44-45
constellation, 48-49
Contour (sonde), 44
Copernic (cratère), 27
Copernic, Nicolas, 8, 22
Crabe (nébuleuse), 55
cratère, 27

D
Dactyl (satellite d'Ida), 35
Deep Space 4 (sonde), 34, 44
Deimos (satellite de Mars), 32, 33
dinosaures, extinction des, 35
Dumb-Bell (nébuleuse), 55

E
éclipse, 29
espace, exploration de l', 8-19
ET, 19
Êta de la Carène (étoile), 52
étoile, 50-51
étoile filante, 34
étoile variable, 52-53
Europe (satellite de Jupiter), 18-19, 37
extraterrestre, 18-19

F
fusée, 12

G
Gagarine, Youri, 12
galaxie, 8-9, 56-57, 58-59
Galilée, 10, 38
Galileo (sonde), 16-17, 35, 36-37, 43
Galle, Johann, 40
Ganymède (satellite de Jupiter), 36-37, 42
Gemini (engin spatial), 12
Géminides, 44
Giotto (sonde), 17, 44
Grande Ourse, 8, 48
Grande Tache noire (Neptune), 41
Grande Tache rouge (Jupiter), 37
Groupe local, 9, 59

H
Hale-Bopp (comète), 45
Halley (comète), 44-45
Hawking, Stephen, 60
Herschel, William, 10, 40
Hoyle, Fred, 61
Hubble (télescope spatial), 8-9, 10-11, 15, 55, 59
Hubble, Edwin, 9
Huygens (sonde), 17
Huygens, Christiaan, 38
Hyakutake (comète), 44

I
Ida (astéroïde), 35
Io (satellite de Jupiter), 22, 36

J
Jupiter, 22-23, 36-37

K
Keck (télescopes), 11
Kuiper, ceinture de, 42-43, 44

L
Léonides, 44
Lion, 49
Lowell, Percival, 18
lumière infrarouge (astronomie), 11
Lunar Prospector (sonde), 26
Lune, 26-27, 29, 42

M
M 13 (amas stellaire), 19
M 31 (galaxie), 56
M 33 (galaxie), 60
M 83 (galaxie), 60
M 87 (galaxie), 57, 59
Maat Mons (volcan), 30
Magellan (sonde), 16-17, 30-31
Malin, David, 54
Marcy, Geoff, 51
Mariner (engin spatial), 31
Mars, 17, 18-19, 22-23, 32-33
Mars Global Surveyor (sonde), 17, 32-33
Mars Observer (sonde), 17
mer lunaire, 27
Mercure, 22-23, 30-31, 42
météore, 34
météorite, 34
Michell, John, 59
micropesanteur, 15
Mimas (satellite de Saturne), 22, 38
Mir (station), 15
Miranda (satellite d'Uranus), 22, 41
MUSES-C (engin spatial), 34-35

N
naine blanche, 51-53
NASA, 12
navette spatiale, 12-13, 14-15, 24
nébuleuse, 50, 54-55
Neptune, 22-23, 40-41
Newton, Isaac, 10
NGC 604 (galaxie), 54
NGC 4261 (galaxie), 58
NGC 4639 (galaxie), 60
NGC 6251 (galaxie), 59
NGC 7052 (galaxie), 59
nova, 52-53
Nuage de Magellan, 53

O
Œil du chat (nébuleuse), 54
Olympus Mons (volcan), 32
Oméga du Centaure (amas globulaire), 56
ondes radioélectriques, 11
Oort, nuage de, 44
orbite des planètes, 22-23
Orion (constellation), 48
Orion (nébuleuse), 55, 56
Orionides, 44
ovni, 19

P
Pathfinder (sonde), 16-17
Perséides, 44
Petit Nuage de Magellan, 57
phases de la Lune, 27
Phobos (satellite de Mars), 22, 32
Pioneer (sonde), 16, 17
PKS 2349 (quasar), 60
planète, 22-23, 51
Pléiades, 51, 56
Pluton, 22-23, 42-43
Pluton-Kuiper Express (sonde), 42-43
pulsar, 53

Q
quark, 60
quasar, 58, 60

R
radiotéléscope, 11
rayons X, 11
RD 1, 60
Rigel (étoile), 51
Rosetta (sonde), 44
Rubin, Vera, 56

S
Sagan, Carl, 17
satellite, 14-15, 22-23, 29, 32, 36-37, 38, 40-41, 42-43, 60
Saturn V (fusée), 12-13
Saturne, 17, 22-23, 38-39
scaphandre, 14-15
Scorpion, 49
Shoemaker, Carolyn, 45
Shoemaker-Levy (comète), 36, 45
Sirius (étoile), 51
SOHO, 29
Sojourner (sonde), 16, 32
Soleil, 22-23, 28-29
sonde lunaire, 26-27
sonde spatiale, 16-17, 30, 32-33, 45
Soyouz (engin spatial), 12
Spacewatch (télescope), 34
Spoutnik (engin spatial), 13
Stardust (sonde), 44-45
station spatiale, 14-15
Station spatiale internationale (ISS), 15
Stonehenge, 28
supernova, 52-53, 54
Sycorax (satellite d'Uranus), 41

T
tache solaire, 29
télescope, 10-11
Terre, 8-9, 22-23, 24-25
Tête de Cheval (nébuleuse), 54
Titan (satellite de Saturne), 17, 18, 19, 38
Tombaugh, Clyde, 42
Trifide (nébuleuse), 54
Triton (satellite de Neptune), 22, 40-41
trou noir, 52, 53, 58-59

U
Ulysse (sonde), 17
Univers, 8-9, 46, 60-61
Uranus, 22-23, 40-41

V
Valles Marineris (Mars), 32
Venera (sondes), 30
Vénus, 8, 22-23, 30-31
Viking (sonde), 16, 32-33
VLA (télescope), 11
Voie lactée, 8-9, 56, 57, 58
volcan, 30, 31, 32
Vostok (engin spatial), 12, 13
Voyager (sondes), 16-17, 37, 40-41, 43

W
Web, 16
Wells, H.G., 33
Wheeler, John, 59
Wild 2 (comète), 44
Wirtanen, noyau de, 44-45

Z
zodiaque, 49

Les éditeurs remercient les consultants suivants pour leur aide dans la réalisation de ce livre : Barbara Bakowski, James Clark, Dina Rubin et Jennifer Themel.
Nous remercions également les enfants qui ont été photographiés dans ces pages : Michelle Burk, Simon Burk, Amanda Hanani, Mark Humphries, Bianca Laurence, Jeremy Sequeira, Gemma Smith, Amanda Wilson, Max Young.

CRÉDITS PHOTOS (h = haut, b = bas, g = gauche, d = droite, c = centre, e = extrême) (AAO = Anglo-Australian Observatory, AAT = Anglo Australian Telescope, APL = Australian Picture Library, ASP = Astronomical Society of the Pacific, TPL = The Photo Library, Sydney, SPL = Science Photo Library)
AAO 54 c (D. Malin), 47 cg, 53 b, 54 bd, 55 cd, 57 hcd. **AAP Image** 12 d, 15 bg, 17 b. **AAT** 57 bcd (D. Malin), 54 bg, 57 bd. **Ad-Libitum** 12 ch, 12 cb, 19 bd, 22 b, 24 bg, 50 g, 61 d, 11g, 26 b, 49 d (M. Kaniewski). **APL** 34 c (Woodfin Camp), 42 bg. **ASP** 11 hd, 29 h, 37 bc, 42 bd, 45 bd, 56 bg. **Austral** 42 c (FOTO). **Alan Dyer** 20 cbd, 28 hd, 29 hd, 48 bg. **E.T. Archive** 52 c. **Akira Fujii** 8 cd, 21 ebg, 27 d, 29 bd, 37 bg, 45 bc, 55 hd, 62 c. **IAC Photo** 11 cd (D. Malin). **Image Select** 9 d. **Mary Evans Picture Library** 22 hd. **David Miller** 30 hd. **NASA** 9 bd, 37 cg, 38 bg, 52/53 c (JPL Photo), 58 bc (Leiden Observatory/W. Jaffe), 58 bg, 59 bc, 59 bd (STScI), 13 d, 25 d, 30 c, 31 d, 33 hd, 45 bg. **Newell Color** 6 hd, 8 cg, 47 hg, 55 bg. **Novosti** 13 c. **The Image Bank** 28 bg (S. Krongard). **TPL** 51 cd, 59 c (J. Chumack), 11 bg (T. Craddock), 47 hc, 54/55 c (I. M. House), 59 c (Jodrell Bank), 8 bg (Nigel Press), 51 cg, 56 d (SPL/L. Dodd), 17 c, 28/29 c (SPL/ESA), 44 bd (SPL/G. Garradd), 21 hg, 33 bc (SPL/D. Hardy), 44 bg (SPL/Magrath/Nielsen), 11 c (SPL/Magrath Photography), 8 bd, 14 g, 15 c, 19 c, 31 c, 33 hg, 35 h, 36 bc, 36 bd, 37 cg, 41 cd, 41 bg, 60 bd (SPL/NASA), 11 bd, 52 bg (SPL/Max-Planck-Institute), 41 bc (SPL/D. Parker), 34 g (SPL/J. Samford), 19 h (SPL/Dr. S. Shostak), 60 bg (SPL/Dr. R. Stepney), 25 hg, 47 cd, 55 bd, 58 bd (SPL), 41 d (SPL/US Geological Survey), 57 hd (SPL/US Naval Observatory), 9 bg, 26 c (World Perspectives), 45 cg. **Tom Stack & Associates** 57 c (B. & S. Fletcher), 21 bd, 41 bd. **UA News Services** 34 hd (L. Stiles). **UC Berkeley** 51 hd (G. Marcy).

CRÉDITS D'ILLUSTRATIONS
Julian Baum/Wildlife Art Ltd 20 cd, 26 hd, 26 cd, 26 bg, 26 bc, 26 bd, 27 bg, 27 bd, 36/37 c, 37 bd, 63 hd. **Gregory Bridges** 32 bg. **Tom Connell/Wildlife Art Ltd** 6 bd, 6 ebd, 7 hg, 7 hd, 12/13 c, 12 hg, 12 hcg, 12 hcd, 12 hd, 12 bg, 12 bc, 12 bd, 13 bg, 13 bc, 13 bd, 14/15 c, 14 hg, 14 hd, 14 bg, 14 bc, 14 bd, 15 hg, 15 d, 62 bd, 63 bg, 63 bcg, 63 bcd. **Christer Eriksson** 7 bg, 7 bd, 18/19 c, 18/19 b, 18 hg, 18 hc, 18 hd, 63 beg. **Chris Forsey** 5 bc, 32/33 c, 32 bc, 46 ehd, 46 hd, 46 d, 48 h, 48 bg, 49 bg, 49 bd, 50 b, 62 beg, 63 ehd, 63 bd. **Murray Frederick** 20 chd, 21 hd, 24 bd, 25 bg, 25 bc, 25 bd, 35 hd, 35 cd, 35 bd. **Lee Gibbons/ Wildlife Art Ltd** 21 cb, 38/39 c, 38 d, 38 bc, 38 bd, 39 bg, 39 bd, 47 hd, 56/57 c, 56 hg, 56 hd, 56 hg, 56 bd, 57 b, 62 hd, 62 bcg. **Ray Grinaway** 6 hg, 24 hg, 28 hg, 28 hc, 28 hd, 28 bc, 28 bd, 30 hg, 30 hc, 32 hg, 34 hg, 36 hg, 36 hc, 38 hg, 38 hc, 40 hg, 40 hc, 42 hg. **David A. Hardy/Wildlife Art Ltd** 4 hd, 4 cd, 4 bd, 6 ehd, 7 cg, 7 cd, 8 h, 8 hg, 8 hc, 9 c, 16/17 c, 16 hg, 16 hc, 16 hd, 16 bg, 16 bd, 17 h, 17 d, 20 hd, 21 bg, 22/23 c, 22 h/b, 23 d, 23 b, 24/25 c, 24 cg, 26 cg, 27 c, 28 cg, 30 cg, 30 bg, 32 cg, 36 cg, 38 g, 40/41 c, 40 g, 40 bg, 40 bd, 42/43 c, 42 h, 42 g, 43 h, 43 d, 43 bc, 44/45 c, 44 hg, 44 hc, 44 hd, 44 g, 44 c, 46 b, 46 bd, 47 bg, 47 bc, 47 bd, 48/49 c, 52 hg, 52 hc 52 hd, 52 bg, 52 bd, 53 d, 54 hg, 54 hd, 58/59 c, 58 hg, 58 hc, 58 hd, 59 d, 60/61 cb, 60 hg, 60 hc, 60 hd, 60 bg, 60 bd, 61 hd, 61 bd, 62 ehd, 62 hg, 62 hc, 62 bg, 62 bcd, 62 bed, 63 heg, 63 hg, 63 bed. **Robert Hynes** 41 hd. **Peter Mennim** 38 c. **Oliver Rennert** 10/11 c. **Trevor Ruth** 21 ch, 36 c. **Marco Sparaciari** 4 hcd, 6 chd, 6 cbd, 10 hg, 10 hc, 10 hd, 10 d, 10 bg, 10 bc, 10 bd, 11 ehd, 11 ecd, 11 ebd, 20 bd, 30/31 b, 30 bc, 32 hc, 32 hd, 32 bc, 32 bd, 33 hd, 33 d, 33 bd, 63 hcg. **Chris Stead** 46 dc, 50/51 c. **Kevin Stead** 62 ehg. **Cliff Watt** 37 cd. **Tony Wellington** 34/35 c, 34 hc, 34 bg, 34 bd. **Rod Westblade** 24 h, 29 c, 31 bg. **David Wood** 25 d, 29 cd, 50 h.

CRÉDITS DE COUVERTURE
Ad-Libitum (M. Kaniewski). **Tom Connell/ Wildlife Art Ltd. Digital Stock. Chris Forsey. Lee Gibbons/ Wildlife Art Ltd. Ray Grinaway. David A. Hardy/ Wildlife Art Ltd. Stock Photos.**

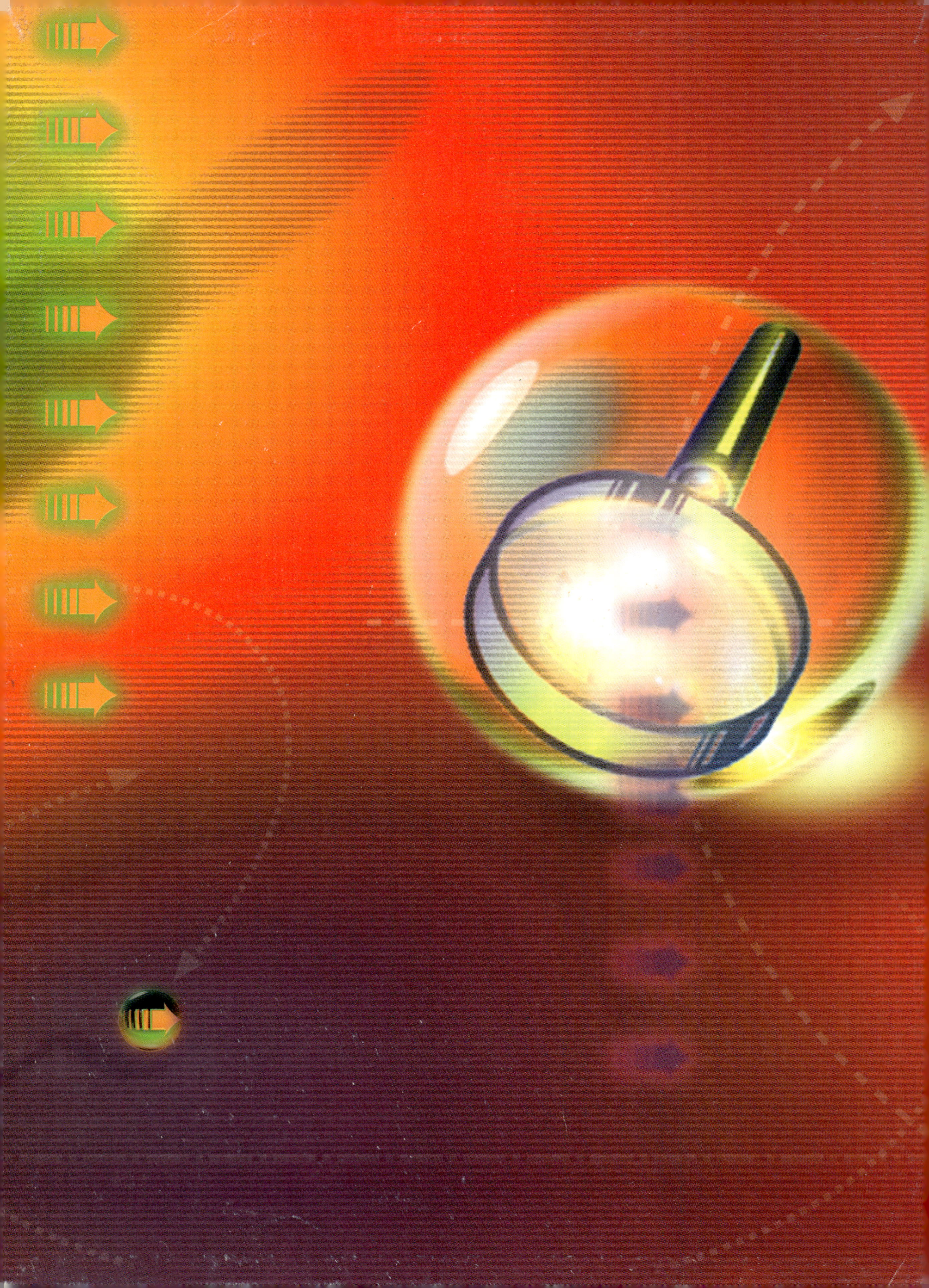